核电焊接人员培训与资格认证系列

U0222617

焊条电弧焊和熔化极气体保护电弧焊

技能操作培训教程

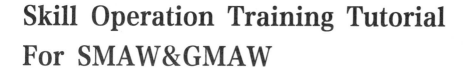

Skill Operation Training Tutorial
For SMAW&GMAW

主 编 邹明伟 邹 杰 但 军

副主编 郭时玲 曾春伟 彭暐华

主 审 杨 松 余 燕 钱 强

哈尔滨工业大学出版社

HITP HARBIN INSTITUTE OF TECHNOLOGY PRESS

内容简介

本书是核电焊接人员跨入核电门槛,取得民用核安全设备焊接人员资格证书必读的培训教材之一。本书结合生态环境部令第5号《民用核安全设备焊接人员资格管理规定》以及《民用核安全设备焊接人员操作考试技术要求(试行)》(国核安发〔2019〕238号)等文件,总结多年的核设备制造、安装经验以及焊工培训、考试的实践经验,从法规要求及焊接原理入手,以焊条电弧焊和熔化极气体保护电弧焊三个考试项目为例,介绍和讲解了焊接操作要点、常见焊接缺陷的产生原因和解决方法、焊前准备、操作方法、焊后检查等方面内容。

本书文字简明扼要,图文并茂,深入浅出,适用于核电焊接人员的培训指导与练习,并可为焊工教师、焊接工程师以及相关管理人员提供政策和焊接操作理论方面的参考。

图书在版编目(CIP)数据

焊条电弧焊和熔化极气体保护电弧焊技能操作培训教程/邹明伟,邹杰,但军主编. —哈尔滨:哈尔滨工业大学出版社,2024.1

(核电焊接人员培训与资格认证系列)

ISBN 978 - 7 - 5767 - 1164 - 6

Ⅰ.①焊… Ⅱ.①邹… ②邹… ③但… Ⅲ.①焊条-电弧焊-资格考试-教材 ②金属极惰气保护焊-资格考试-教材 Ⅳ.①TG444

中国国家版本馆 CIP 数据核字(2024)第 011156 号

策划编辑 许雅莹
责任编辑 许雅莹 张 权
封面设计 刘 乐
出版发行 哈尔滨工业大学出版社
社 址 哈尔滨市南岗区复华四道街 10 号 邮编 150006
传 真 0451 - 86414749
网 址 http://hitpress.hit.edu.cn
印 刷 哈尔滨市工大节能印刷厂
开 本 787 mm×1 092 mm 1/16 印张 10.25 字数 224 千字
版 次 2024 年 1 月第 1 版 2024 年 1 月第 1 次印刷
书 号 ISBN 978 - 7 - 5767 - 1164 - 6
定 价 48.00 元

核电焊接人员培训与资格认证系列

编审委员会

主　　任　　张彦敏　徐　锴　邹　杰
副主任　　杜爱玲　杨　松　余　燕
委　　员　　王　林　彭暐华　王德军

本册编写委员会

主　　编　　邹明伟　邹　杰　但　军
副主编　　郭时玲　曾春伟　彭暐华
主　　审　　杨　松　余　燕　钱　强
副主审　　王德军　陈　宇　黄燕壮
参　　编　　白映玉　罗　红　杨小杰　钟标全
　　　　　　赵　鑫　李金玲　王苗苗　李　峰
　　　　　　孙浩然　霍肖寒　夏怀胜　田小宝
　　　　　　杨　文　戴源校　王　中　邵　辉
　　　　　　杨桂茹　李晓楠　陈九果　刘永华
　　　　　　张永战　李彦青　刘　静　杨　会
　　　　　　李奥楠　茹玺记　马忠良　梁　进

编审委员会人员简介

编审委员会	姓名	单位
主　任	张彦敏	中国机械工程学会
	徐　锴	哈尔滨焊接研究院有限公司
	邹　杰	东方电气股份有限公司
副主任	杜爱玲	中国机械科学研究总院
	杨　松	天津大桥焊材集团有限公司
	余　燕	东方电气(广州)重型机器有限公司
委　员	王　林	哈尔滨焊接技术培训中心
	彭暐华	上海市焊接行业协会
	王德军	国家核安全局

本册编写委员会人员简介

编写委员会	姓名	单位
主 编	邹明伟	重庆川仪自动化股份有限公司
	邹 杰	东方电气股份有限公司
	但 军	东方电气股份有限公司
副主编	郭时玲	东方电气(广州)重型机器有限公司
	曾春伟	东方电气(广州)重型机器有限公司
	彭暐华	上海市焊接行业协会
主 审	杨 松	天津大桥焊材集团有限公司
	余 燕	东方电气(广州)重型机器有限公司
	钱 强	哈尔滨焊接技术培训中心
副主审	王德军	国家核安全局
	陈 宇	哈尔滨焊接技术培训中心
	黄燕壮	南方风机股份有限公司
参 编	白映玉	东方电气(广州)重型机器有限公司
	罗 红	东方电气(广州)重型机器有限公司
	杨小杰	东方电气(广州)重型机器有限公司
	钟标全	东方电气(广州)重型机器有限公司
	赵 鑫	东方电气(广州)重型机器有限公司
	李金玲	东方电气(广州)重型机器有限公司
	王苗苗	东方电气(广州)重型机器有限公司
	李 峰	东方电气(广州)重型机器有限公司
	孙浩然	东方电气(广州)重型机器有限公司
	霍肖寒	东方电气(广州)重型机器有限公司
	夏怀胜	东方电气(广州)重型机器有限公司
	田小宝	东方电气(广州)重型机器有限公司
	杨 文	东方电气(广州)重型机器有限公司
	戴源校	东方电气(广州)重型机器有限公司
	王 中	黑龙江省林业设计研究院
	邵 辉	哈尔滨焊接技术培训中心
	杨桂茹	哈尔滨焊接技术培训中心
	李晓楠	哈尔滨焊接技术培训中心
	陈九果	广州电缆厂有限公司
	刘永华	广州市南沙区榄核镇环保监督检查队
	张永战	广东华成新材料有限公司
	李彦青	山东核电设备制造有限公司
	刘 静	南方风机股份有限公司
	杨 会	重庆川仪自动化股份有限公司
	李奥楠	广州广重企业集团有限公司
	茹玺记	广州西门子能源变压器有限公司
	马忠良	广东锐气科技有限公司
	梁 进	佛山市华格机械装备有限公司

序

在努力实现"双碳"目标的大背景下,核电作为一种低碳、高效的清洁能源,已被世界各国广泛利用。随着我国核能技术的进步,核电建设得到了较为快速的发展。2022年国家核准了10台核电机组,带来了新一轮的核电建设高潮。

民用核安全设备焊接人员是核电建造过程中最为重要的技能人才之一,在新一轮核电建设高潮中有大量的需求,针对民用核安全设备焊接人员的培训工作近几年就显得尤为重要。适时地编写"核电焊接人员培训与资格认证系列"有助于从事民用核安全设备焊接操作工作的人员更为便捷地了解管理规定、学习焊接方法、提升焊接技能以及掌握考试项目操作。

"核电焊接人员培训与资格认证系列"是一套覆盖目前核电建造过程中主要焊接方法的培训教程,较为全面地介绍了各种焊接方法的特点、焊接参数、常见缺陷及预防措施、焊接操作难点和要点;针对核安全设备焊接人员的考试常用项目进行了较为细致地阐述;并采用图文并茂的方式进行介绍,有利于促进培训人员学习、理解、提升操作技能,以顺利取得资格证。

编写"核电焊接人员培训与资格认证系列"的目的是希望培训更多的焊接技能人才,扩大民用核安全设备焊接人员队伍,提高核电建造能力,为国家核电建设贡献力量。

哈尔滨工业大学

2022 年 12 月

前　言

　　"核电焊接人员培训与资格认证系列"根据《民用核安全设备焊接人员资格管理规定》《民用核安全设备焊接人员操作考试技术要求(试行)》等文件编写,是落实核电焊接人员培训的教材之一。希望本书可以促进国内核电焊接人员培训工作的标准化、科学化和规范化,提高核电焊接人员技术素质,培养核电大国工匠,铸造国之核电重器。

　　本书介绍了民用核安全设备焊接人员资格管理规定及操作考试技术要求,焊条电弧焊和熔化极气体保护电弧焊焊接常见缺陷及防止措施、焊接考试操作详解等。书中引用了大量实际操作图片,可以通俗易懂地指导核电焊接人员操作及应对考试。本书在编写过程中借鉴了国际 RCC-M 及 ASME 等标准规范。

　　本书是编者及其团队多年核电焊接人员培训以及考试工作的结晶。由于经验和水平有限,难免存在疏漏和不足之处,恳请广大核电焊接培训工作者和核电焊接工作人员批评指正。

编　者

2023 年 3 月

目　　录

第1章 焊条电弧焊

焊条电弧焊（Shielded Metal Arc Welding，SMAW）是手工操纵焊条进行焊接的方法，具有设备简单、操作方便和适应性强等优点，可焊接碳钢、低合金钢、不锈钢和镍基合金等材料。焊条电弧焊在核安全设备制造和安装中，主要用于小批量、辅助性和难以实现自动焊位置焊缝的焊接，是当前核安全设备行业应用最广泛的焊接方法之一。本章概括性阐述焊条电弧焊的基本原理和操作技术。

1.1 焊条电弧焊简介

1.1.1 工作原理

焊条电弧焊焊接时，在焊条末端和工件之间燃烧电弧所产生的热量使焊条药皮、焊芯及工件熔化，熔化的焊芯端部迅速形成细小的金属熔滴，通过弧柱过渡到局部熔化的工件表面，融合在一起形成熔池。药皮熔化过程中产生的气体和熔渣，不仅使熔池与电弧周围的空气隔绝，而且与熔化的焊芯、母材发生冶金反应，保证所形成焊缝的性能。随着电弧以适当的弧长和速度在工件上不断地前移，熔池液态金属逐步冷却结晶，形成焊缝。焊条电弧焊示意图如图1.1所示。

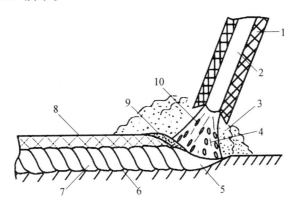

图1.1 焊条电弧焊示意图

1—药皮；2—焊芯；3—保护性气体；4—电弧；5—熔池；
6—母材；7—焊缝；8—渣壳；9—熔渣；10—熔滴

1.1.2　焊条电弧焊的特点

1. 优点

（1）焊条电弧焊使用的设备比较简单，价格相对便宜，并且轻便。焊条电弧焊使用的交流和直流焊机都比较简单，焊接操作时不需要复杂的辅助设备，只需要配备简单的辅助工具，因此设备的投资少，维护成本低，是它广泛应用的原因之一。

（2）焊条电弧焊不需要辅助气体防护。焊条不仅能提供填充金属，还能在焊接过程中产生气体和熔渣，防止熔滴和熔池金属与空气接触，并且具有较强的抗风能力。

（3）焊条电弧焊操作灵活，适应性强。焊条电弧焊适用于焊接单件或小批量的产品，可以焊接短的、不规则的、空间任意位置的以及其他不易实现机械化焊接的焊缝，凡焊条能达到的地方都能进行焊接。

（4）焊条电弧焊应用范围广，适用于大多数工业用的金属和合金的焊接。焊条电弧焊选用合适的焊条不仅可以焊接碳素钢、低合金钢，还可以焊接高合金钢及有色金属；焊条电弧焊不仅可以焊接同种金属、异种金属，还可以进行铸铁焊补和各种金属材料的堆焊等。

2. 不足之处

（1）焊条电弧焊对焊接人员操作技术要求高，焊接人员培训费用大。焊条电弧焊的焊接质量，除靠选用合适的焊条、焊接工艺参数和焊接设备外，主要靠焊接人员的操作技术和经验保证，即焊条电弧焊的焊接质量在一定程度上决定于焊接人员的操作技术，因此必须经常进行焊接人员培训，需要的培训费用很大。

（2）焊条电弧焊劳动条件差。焊条电弧焊主要靠焊接人员手工操作和眼睛观察完成全过程，焊接人员的劳动强度大，并且始终处于高温烘烤和有毒的烟尘环境中，劳动条件比较差，因此要加强劳动保护。

（3）焊条电弧焊生产效率低。焊条电弧焊主要靠手工操作，并且焊接工艺参数选择范围较小；另外焊接时要经常更换焊条，并要经常进行焊道熔渣的清理，与自动焊相比，焊接生产率低。

（4）焊条电弧焊不适合特殊金属以及薄板的焊接。活泼金属（如 Ti、Nb、Zr 等）和难熔金属（如 Ta、Mo 等）等对氧的污染非常敏感，焊条的保护作用不足以防止这些金属氧化，保护效果不够好，焊接质量达不到要求，所以不能采用焊条电弧焊进行焊接；对于低熔点金属（如 Pb、Sn、Zn 及其合金等），由于电弧的温度对其来讲太高，也不能采用焊条电弧焊进行焊接。另外，焊条电弧焊的焊接工件厚度一般在 1.5 mm 以上，1 mm 以下的薄板不适于采用焊条电弧焊进行焊接。

1.2　焊条电弧焊电弧的特性

1.2.1　电弧的静特性

焊条电弧焊使用的焊接电流较小,特别是电流密度较小,所以焊条电弧焊电弧的静特性处于水平段,如图1.2所示。在焊条电弧焊电弧水平段区间,弧长基本保持不变时,若在一定范围内改变电流值,电弧电压几乎不发生变化,因此焊接电流在一定范围内变化时,电弧均稳定燃烧。

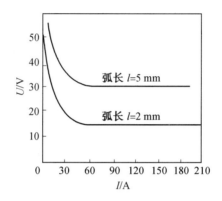

图1.2　焊条电弧焊电弧的静特性

1.2.2　电弧的温度分布

焊条电弧焊电弧在焊条末端和工件间燃烧,焊条和工件都是电极,电弧阴、阳两极的最高温度接近材料的沸点。焊接钢材时,阴极约为2 400 ℃,阳极约为2 600 ℃,电弧的温度为6 000～7 000 ℃。随着焊接电流的增大,弧柱的温度也增高。交流电弧两个电极的极性在不断变化,故两个电极的平均温度是相等的,而直流电弧阳极的温度比阴极高200 ℃左右。

1.2.3　电弧偏吹

焊接过程中,受气流干扰、磁场作用或焊条偏心等影响,使电弧中心偏离电极轴线的现象,称为电弧偏吹。

1. 产生电弧偏吹的原因

(1) 焊条偏心。

焊条的偏心度过大,造成焊条药皮厚薄不均匀,药皮较厚的一边比药皮较薄的一边熔化时吸收的热量多,药皮较薄的一边很快熔化而使电弧外露,迫使电弧偏吹,如图1.3所示。

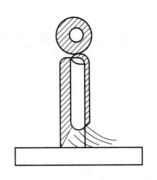

图1.3 焊条偏心引起的偏吹

（2）电弧周围气流干扰。

电弧周围气体流动过强会产生偏吹。造成电弧周围气体流动过强的因素很多，主要是大气中的气流和热对流作用。如在露天大风中进行焊接操作时，电弧偏吹就很严重；在管线焊接时，由于空气在管中的流速较大，形成"穿堂风"，使电弧偏吹；如果对接接头的间隙较大，在热对流的影响下也会产生偏吹。

（3）磁场作用。

直流电弧焊焊接时，因受到焊接回路产生的电磁力的作用而产生的电弧偏吹，称为焊接电弧的磁偏吹，产生磁偏吹的原因有以下几种。

①接地线位置不当引起的磁偏吹，如图1.4所示。通过焊件的电流在空间产生磁场，当焊条与焊件垂直时，电弧左侧的磁力线密度较大，而电弧右侧的磁力线稀疏，磁力线的不均匀分布使密度较大的一侧对电弧产生推力，使电弧偏离轴线。

②不对称铁磁物质引起的磁偏吹，如图1.5所示。焊接时，在电弧侧放置钢板（导磁体）时，由于铁磁物质的导磁能力远大于空气，铁磁物质侧的磁力线大部分通过铁磁物质形成封闭曲线，使电弧同铁磁物质之间的磁力线密度降低，所以在电磁力作用下电弧向铁磁物质一侧偏吹。

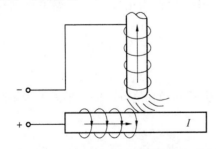

图1.4 接地线位置不当引起的磁偏吹

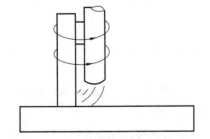

图1.5 不对称铁磁物质引起的磁偏吹

③焊件端部焊接时引起的磁偏吹，如图1.6所示。电弧到达钢板端头时导磁面积发生变化，引起空间磁力线在靠近焊件边缘处密度增加，所以在电磁力作用下，产生了指向焊件内侧的磁偏吹。

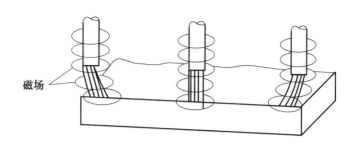

图 1.6 焊件端部焊接时引起的磁偏吹

2. 防止电弧偏吹的措施

（1）焊接过程中遇到焊条偏心引起的偏吹，应立即停弧。如果偏心度较小，可转动焊条将偏心位置移到焊接前进方向，调整焊条角度后再施焊；如果偏心度较大，必须更换新的焊条。

（2）焊接过程中遇到气流引起的偏吹，要停止焊接，查明原因，采用遮挡等方法解决。

（3）当发生磁偏吹时，可以将焊条向磁偏吹相反的方向倾斜，以改变电弧左右空间的大小，使磁力线密度趋于均匀，减小偏吹程度；改变接地线位置或在焊件两侧加接地线，可以减少因导线接地位置引起的磁偏吹；因交流电流和磁场的方向都是不断变化的，可以采用交流弧焊电源防止磁偏吹；另外采用短弧焊，也可以减小磁偏吹。

1.2.4 熔滴和熔池的作用力

焊接电弧不仅是一个热源，还是一个力源，熔滴过渡过程中，熔滴和熔池会受到各种外力的作用。采用一定的工艺措施，可以改变熔滴和熔池的作用力，保证焊接过程的稳定性，控制焊缝成形，减少焊接飞溅，从而获得良好的焊接接头。

1. 重力

重力使物体始终具有下垂的倾向。平焊时，熔滴的重力会促进熔滴过渡；而熔池在重力的作用下，如果温度过高，熔池过大，则会产生焊瘤和烧穿现象。立焊和仰焊时，重力阻碍熔滴向熔池过渡，采用短弧焊可以克服重力的影响。

2. 表面张力

平焊时，液态熔滴表面张力会阻碍熔滴过渡；仰焊时，熔滴表面张力可使其不易滴落，有利于向熔池过渡。熔池液态金属表面张力使熔池力求趋于保持平面，可在一定程度上阻止重力引起的表面凹陷；同时，在熔滴与熔池短路接触时，熔池表面张力可将熔滴拉入熔池，加速熔滴的短路过渡。

3. 电弧气体吹力

焊条电弧焊焊接时，焊条药皮的熔化速度比焊芯的熔化速度稍慢，在焊条熔化端头形成一个套管，药皮成分中的造气剂熔化后产生大量气体从套管中喷出，并在高温状态下体积急剧膨胀，沿焊条的轴线方向形成挺直稳定的气流，将熔滴吹入熔池中去。在任何焊接位置,电弧气体吹力都有助于熔滴过渡。

4.电磁压缩力

焊条电弧焊是将焊条及焊条末端的熔滴作为导体,当有焊接电流通过后会在它们周围产生磁场,并产生从四周向中心的电磁压缩力。焊条末端熔滴的缩颈部分的电流密度较大,产生的电磁压缩力较强,可促使熔滴快速脱离焊条端部向熔池过渡。

5.极点压力

在焊接电弧中,极点压力是阻碍熔滴过渡的力。当采用直流正接时,阳离子的压力阻碍熔滴过渡;当采用直流反接时,电子的压力阻碍熔滴过渡。由于阳离子质量大,阳离子流比电子流的压力大,所以直流反接时,容易产生细颗粒过渡,而正接时则不容易产生细的熔滴颗粒。

1.3 焊条电弧焊设备简介

1.3.1 基本焊接电路

图 1.7 所示为焊条电弧焊的基本焊接电路,由交流或直流弧焊电源、焊钳、电缆、焊条、电弧、工件及地线等组成。

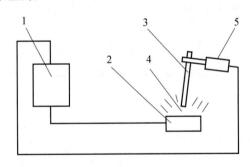

图 1.7 焊条电弧焊的基本焊接电路
1—弧焊电源;2—工件;3—焊条;4—电弧;5—焊钳

采用直流电源焊接时,工件、焊条与电源输出端正、负极的接法,称为极性。工件接直流电源正极,焊条接负极时,称正接或正极性;工件接负极,焊条接正极时,称反接或反极性。无论采用正接还是反接,主要从电弧稳定燃烧的条件来考虑,不同类型的焊条要求不同的接法,一般在焊条说明书上都有规定。采用交流弧焊电源焊接时,极性在不断变化,所以不考虑极性接法。

1.3.2　弧焊电源

1. 电源种类与比较

焊条电弧焊采用的焊接电流既可以是交流,也可以是直流,所以焊条电弧焊电源既有交流电源,也有直流电源。目前,我国焊条电弧焊采用的电源有三类,分别为交流弧焊变压器、直流弧焊发电机和弧焊整流器(包括逆变弧焊电源),前一种属于交流电源,后两种属于直流电源。交、直流弧焊电源的特点比较见表1.1。

表 1.1　交、直流弧焊电源的特点比较

项目	交流	直流
电弧稳定性	低	高
极性可换性	无	有
磁偏吹影响	很小	较大
空载电压	较高	较低
触电危险	较大	较小
构造和维修	较简单	较烦琐
噪声	不大	发电机大,整流器小
成本	低	高
供电	一般单相	一般三相
质量	较轻	较重,逆变弧焊电源较轻

交流弧焊变压器用于将电网的交流电变成适合弧焊的交流电。与直流电源相比,具有结构简单、制造方便、使用可靠、维修容易、效率高和成本低等优点,在目前国内焊接生产应用中占很大比例。直流弧焊发电机虽然稳弧性好,经久耐用,电网电压波动影响小,但硅钢片和铜导线的需求量大,空载损耗大,结构复杂,成本高,已被列为淘汰产品。晶闸管弧焊整流电源引弧容易,性能柔和,电弧稳定,飞溅少,是理想的更新换代产品。

2. 电源的选择

焊条电弧焊要求电源具有陡降的外特性、良好的动特性和合适的电流调节范围,选择焊条电弧焊电源应主要考虑以下因素。

(1)焊接电流的种类。

(2)电流范围。

(3)弧焊电源的功率。

(4)工作条件和节能要求等。

电流的种类有交流、直流或交直流两用,主要是根据使用的焊条类型和要焊接的焊缝形式进行选择。低氢钠型焊条必须选用直流弧焊电源,以保证电弧稳定燃烧;酸性焊条虽然交、直流均可使用,但一般选用结构简单且价格较低的交流弧焊电源。

根据焊接产品所需的焊接电流范围和实际负载持续率来选择弧焊电源的容量,即弧焊电源的额定电流。额定电流是在额定负载持续率条件下允许使用的最大焊接电流,焊接过程中使用的焊接电流值如果超过额定焊接电流值,需要考虑更换额定电流值大一些的弧焊电源或者降低弧焊电源的负载持续率。不同负载持续率时,弧焊电源允许的焊接电流值见表1.2。

表1.2 不同负载持续率时,弧焊电源允许的焊接电流值

负载持续率/%	100	80	60	40	20
焊接电流/A	116	130	150	183	260
	230	257	300	363	516
	387	434	500	611	868

一般生产条件下,尽量采用单站弧焊电源;在大型焊接车间,可以采用多站弧焊电源。但直流弧焊电源需要用电阻箱分流导致耗电较大,应尽可能少用;弧焊电源用电量较大,应尽可能选用高效节能的电源,如逆变弧焊电源,其次是采用弧焊整流器、变压器,尽量不用弧焊发电机。

另外,必须考虑焊接现场一次电源的情况,如果可以利用电力网,则应查明电源是单相还是三相;如果不能利用电力网,必须使用发动机驱动的直流或交流发电机电源,如野外长输管道的焊接施工,主要采用的是柴油或汽油发动机驱动的直流弧焊电源。

1.3.3 焊条电弧焊常用工具和辅具

焊条电弧焊常用工具和辅具有焊钳,焊接电缆快速接头、快速连接器,接地夹钳,焊接电缆,面罩及护目玻璃,防护服和焊条保温筒等。

(1)焊钳。

焊钳是夹持焊条进行焊接的工具,主要作用是使焊接人员能夹住和控制焊条,同时也起着从焊接电缆向焊条传导焊接电流的作用。焊钳应具有良好的导电性、不易发热、质量轻、夹持焊条牢固及装换焊条方便等特性。焊钳的构造如图1.8所示,主要是由上下钳口、弯臂、弹簧、直柄、胶木手柄及固定销等组成。

焊钳分各种规格以适应各种规格的焊条直径,每种规格的焊钳是以所要夹持的最大直径焊条需要的电流设计的,常用的市售焊钳有160 A、300 A和500 A三种,其技术指标见表1.3。

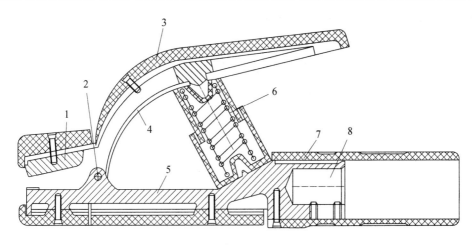

图 1.8　焊钳的构造

1—钳口；2—固定销；3—弯臂罩壳；4—弯臂；5—直柄；6—弹簧；7—胶木手柄；8—焊接电缆固定处

表 1.3　常用焊钳的技术指标

焊钳型号	160 A 型		300 A 型		500 A 型	
额定焊接电流/A	160		300		500	
负载持续率/%	60	35	60	35	60	35
焊接电流/A	160	220	300	400	500	560
适用焊条直径/mm	1.6 ~ 4		2 ~ 5		3.2 ~ 8	
连接电缆截面积/mm²	25 ~ 35		35 ~ 50		70 ~ 95	
手柄温度/℃	≤40		≤40		≤40	
外形尺寸 A×B×C/（mm×mm×mm）	220×70×30		235×80×36		258×86×38	
质量/kg	0.24		0.34		0.40	

（2）焊接电缆快速接头、快速连接器。

焊接电缆快速接头、快速连接器是一种快速方便地连接焊接电缆与焊接电源的装置，其主体采用导电性好并具有一定强度的黄铜加工而成，外套采用氯丁橡胶，具有轻便适用、接触电阻小、无局部过热、操作简单、连接快以及拆卸方便等特点。

（3）接地夹钳。

接地夹钳是将焊接导线或接地电缆接到工件上的一种器具，接地夹钳必须能形成牢固的连接，又能快速且容易地夹到工件上。接地夹钳主要有弹簧夹钳和螺纹夹钳。对于低负载率来说，弹簧夹钳比较合适；使用大电流时，需要螺纹夹钳，以使夹钳不过热并形成良好的连接。

（4）焊接电缆。

利用焊接电缆将焊钳和接地夹钳接到电源上。焊接电缆是焊接回路的一部分，除了具有足够的导电截面以免过热而引起导线绝缘破坏外,还必须耐磨和耐擦伤,应柔软易弯曲,具有最大的挠度,以便焊接人员操作,减轻劳动强度。焊接电缆应采用多股细铜线电缆,一般可选用电焊机用 YHH 型橡套电缆或 YHHR 型橡套电缆,焊接电缆的截面积可以根据焊机额定焊接电流进行选择,焊接电缆截面与电流、电缆长度的关系见表1.4。

表 1.4　焊接电缆截面与电流、电缆长度的关系

额定电流/A	电缆长度/m						
	20	30	40	50	60	70	80
	电缆截面积/mm²						
100	25	25	25	25	25	25	25
150	35	35	35	35	50	50	60
200	35	35	35	50	60	70	70
300	35	50	60	60	70	70	70
400	35	50	60	70	85	85	85
500	50	60	70	85	95	95	95

(5)面罩及护目玻璃。

面罩及护目玻璃是为了防止焊接时的飞溅物、强烈弧光及其他辐射对焊接人员面部及颈部灼伤的一种遮蔽工具,面罩有手持式和头盔式两种。护目玻璃安装在面罩正面,用来减弱弧光强度,吸收由电弧发射的红外线、紫外线和大多数可见光线。焊接时,焊接人员通过护目玻璃观察熔池情况,正确掌握和控制焊接过程,避免眼睛受弧光灼伤。

护目玻璃有各种色泽,目前以墨绿色为主,为改善防护效果,受光面可以镀铬。护目玻璃的颜色有深浅之分,应根据焊接电流大小、焊接人员年龄和视力情况确定。焊接人员护目玻璃镜片选用见表1.5。护目玻璃外侧应加一块同尺寸的一般玻璃,以防止金属飞溅的污染。

表 1.5　焊接人员护目玻璃镜片选用

护目玻璃色号	颜色深浅	适用焊接电流/A	尺寸/(mm×mm×mm)
7~8	较浅	≤100	2×50×107
9~10	中等	100~350	2×50×107
11~12	较深	≥350	2×50×107

(6)焊条保温筒。

焊条保温筒是焊接人员焊接操作现场必备的辅具,携带方便。将已烘干的焊条放在保温筒内供现场使用,起到防粘泥土、防潮、防雨淋等作用,能避免焊接过程中焊条药皮的

含水率上升。

（7）防护服。

为了防止焊接时触电以及被弧光和金属飞溅物灼伤，焊接人员焊接时必须戴皮革手套、工作帽，穿工作服、脚盖、绝缘鞋等。焊接人员在敲渣时，应戴有平光眼镜。

（8）其他辅具。

焊接中的清理工作非常重要，必须消除工件和前层熔敷的焊缝金属表面上的油垢、溶渣和对焊接有害的其他杂质。为此，焊接人员应备有角向磨光机、钢丝刷、清渣锤、扁铲和锉刀等辅具；另外，在排烟情况差的场所焊接作业时，应配有电焊烟雾吸尘器或排风扇等辅助器具。

1.4　焊　　条

1.4.1　焊条的组成

涂有药皮的供弧焊用的熔化电极称为电焊条，简称焊条。焊条由焊芯和药皮（涂层）组成。通常焊条引弧端有倒角，药皮被除去部分，露出焊芯端头，有的焊条引弧端涂有引弧剂，使引弧更容易。在靠近夹持端的药皮上印有焊条牌号、型号和批号等标记。

焊条中被药皮包覆的金属芯称为焊芯。焊条电弧焊焊接时，焊芯与焊件之间产生电弧并熔化为焊缝的填充金属，焊芯既是电极，又是填充金属。涂敷在焊芯表面的有效成分称为药皮，也称涂层，焊条药皮是矿石粉末、铁合金粉、有机物和化工制品等原料按一定比例配制后压涂在焊芯表面上的一层涂料，焊条药皮作用有机械保护、冶金反应和改善焊接工艺性能等。

1. 机械保护

焊条药皮熔化或分解后产生气体和熔渣，隔绝空气，防止熔滴和熔池金属与空气接触。熔渣凝固后的渣壳覆盖在焊缝表面，可以防止高温的焊缝金属被氧化和氮化，并可以减慢焊缝金属的冷却速度。

2. 冶金反应

通过熔渣和铁合金进行脱氧、去硫、去磷、去氢和渗合金等焊接冶金反应，可去除有害元素，增添有用元素，使焊缝具备良好的力学性能。

3. 改善焊接工艺性能

药皮可保证电弧容易引燃并稳定地连续燃烧；同时减少飞溅，改善熔滴过渡和焊缝成形等。

1.4.2　焊条分类、型号和牌号

焊条种类繁多，国产焊条约有 300 多种，核电行业还经常使用进口焊条。同一用途焊条会有不同的型号,某一型号的焊条可能有一个或几个品种,同一型号的焊条在不同的焊条制造厂往往使用不同的牌号。

1. 焊条分类

焊条的分类方法很多,可从以下四个不同的角度进行分类。

(1)按药皮主要成分分类。

按药皮主要成分分类,可将焊条分为不定型、氧化钛型、钛钙型、钛铁矿型、氧化铁型、纤维素型、低氢钾型、低氢钠型、石墨型和盐基型等十类。

(2)按熔渣性质分类。

按熔渣性质分类,可将焊条分为酸性焊条和碱性焊条两类,熔渣以酸性氧化物为主的焊条称为酸性焊条,熔渣以碱性氧化物和氯化钙为主的焊条称为碱性焊条。在碳钢焊条和低合金钢焊条中,低氢型焊条(包括低氢钠型、低氢钾型和铁粉低氢型)是碱性焊条,其他涂料类型的焊条均属酸性焊条。

碱性焊条与强度级别相同的酸性焊条相比,其熔敷金属的延性和韧性高,扩散氢含量低,抗裂性能好。因此,当产品设计或焊接工艺规程规定使用碱性焊条时,不能用酸性焊条代替,但碱性焊条的焊接工艺性能(包括稳弧性、脱渣性、飞溅等)较差,对锈、水和油污的敏感性大,容易产生气孔,有毒气体和烟尘多,毒性也大。酸性焊条和碱性焊条的特性对比见表1.6。

表1.6 酸性焊条和碱性焊条的特性对比

酸性焊条	碱性焊条
①对锈、水和油污的敏感性不大,使用前需要经过 100~150 ℃烘焙 1 h	①对锈、水和油污的敏感性较大,使用前需要经过 300~350 ℃烘焙 1~2 h
②电弧稳定,可用交流或直流施焊	②需要用直流反接施焊;药皮加稳弧剂后,可交、直流两用施焊
③焊接电流较大	③比同规格酸性焊条约小 10% 的焊接电流
④可长弧操作	④需要短弧操作,否则易产生气孔
⑤合金元素过渡效果差	⑤合金元素过渡效果好
⑥熔深较浅,焊缝成形较好	⑥熔深稍深,焊缝成形一般
⑦熔渣呈玻璃状,脱渣较方便	⑦熔渣呈结晶状,脱渣不及酸性焊条
⑧焊缝的常、低温冲击韧度一般	⑧焊缝的常、低温冲击韧度较高
⑨焊缝的抗裂性能较差	⑨焊缝的抗裂性能好
⑩焊缝的含氢量较高,影响塑性	⑩焊缝的含氢量低
⑪焊接时烟尘较少	⑪焊接时烟尘稍多

(3)按焊条用途分类。

按焊条用途分类,可将焊条分为结构钢焊条、钼和铬钼耐热钢焊条、不锈钢焊条、堆焊焊条、低温钢焊条、铸铁焊条、镍和镍合金焊条、铜和铜合金焊条、铝和铝合金焊条以及特殊用途焊条等十类。

（4）按焊条性能分类。

按性能分类的焊条,都是根据其特殊使用性能而制造的专用焊条,有超低氢焊条、低尘低毒焊条、立向下焊条、底层焊条、铁粉高效焊条、抗潮焊条、水下焊条、重力焊条和躺焊焊条等。

2.焊条型号

焊条型号是指符合国家、行业或国际标准规定的各类标准焊条的代号。焊条型号是以焊条标准为依据,反映焊条主要特性的一种表示方法。

3.焊条牌号

焊条牌号是根据焊条的主要用途及性能特点对焊条产品的具体命名,由焊条厂制定。每种焊条产品只有一个牌号,但多种牌号的焊条可以对应同一种型号。

1.4.3 焊条的选用原则

焊条的种类繁多,每种焊条均有一定的特性和用途,选用焊条是焊接准备工作中一个重要环节。在实际工作中,除了了解各种焊条的成分、性能及用途外,还应根据被焊焊件的状况、施工条件及焊接工艺等综合考虑,本节对一般情况下焊条的选用原则进行介绍。

1.焊接材料的力学性能和化学成分

（1）对于普通结构钢,通常要求焊缝金属与母材等强度,应选用抗拉强度等于或稍高于母材的焊条。

（2）对于合金结构钢,通常要求焊缝金属的主要合金成分与母材金属相同或相近。

（3）在被焊结构刚性大、接头应力高、焊缝容易产生裂纹的情况下,可以考虑选用比母材刚度低一级的焊条。

（4）当母材中 C、S、P 等元素含量偏高时,焊缝容易产生裂纹,应选用抗裂性能好的低氢型焊条。

2.焊件的使用性能和工作条件

（1）对承受动载荷和冲击载荷的焊件,除满足强度要求外,还要保证焊缝具有较高的韧性和塑性,应选用塑性和韧性指标较高的低氢型焊条。

（2）接触腐蚀介质的焊件,应根据介质的性质及腐蚀特征,选用相应的不锈钢焊条或其他耐腐蚀焊条。

（3）在高温或低温条件下工作的焊件,应选用相应的耐热钢或低温钢焊条。

3.焊件的结构特点和受力状态

（1）对结构形状复杂、刚性大和大厚度焊件,由于焊接过程中会产生很大应力,容易使焊缝产生裂纹,应选用抗裂性能好的低氢型焊条。

（2）对焊接部位难以清理干净的焊件,应选用氧化性强,对铁锈、氧化皮、油污不敏感的酸性焊条。

（3）对受条件限制不能翻转的焊件，有些焊缝处于非平焊位置，应选用全位置焊接的焊条。

4. 施工条件及设备

（1）在没有直流电源，而焊接结构又要求必须使用低氢型焊条的场合，应选用交、直流两用低氢型焊条。

（2）在狭小或通风条件差的场所，应选用酸性焊条或低尘焊条。

5. 改善操作工艺性能

在满足产品性能要求的条件下，尽量选用电弧稳定、飞溅少、焊缝成形均匀整齐、容易脱渣的工艺性能好的酸性焊条。焊条工艺性能要满足施焊操作需要，如在非水平位置施焊时，应选用适于各种位置焊接的焊条；如在向下立焊、管道焊接、底层焊接、盖面焊和重力焊时，可选用相应的专用焊条。

6. 合理的经济效益

在满足使用性能和操作工艺性的条件下，尽量选用成本低、效率高的焊条。对于焊接工作量大的结构，应尽量选用高效率焊条（如铁粉焊条、高效率不锈钢焊条和重力焊条等）以提高焊接生产率。

1.4.4　焊条的管理和使用

1. 焊条的管理

（1）焊条的库存管理。

焊条入库前要检查焊条质量保证书和焊条型号（牌号）标识。焊接锅炉、压力容器等重要结构的焊条，应按国家标准或下游要求进行复验，复验合格后才能办理入库手续。

在仓库里，焊条应按种类、牌号、批次、规格和入库时间分类堆放，并应有明确标识；库房内要保持通风、干燥（室温宜 10～25 ℃，相对湿度小于 60% ）；堆放时不要直接放在地面上，要用木板垫高，距离地面高度不小于 300 mm，并与墙面距离不小于 300 mm；上下左右空气流通，搬运过程中要轻拿轻放，防止包装损坏。

（2）施工中的焊条管理。

焊条在领用和再烘干时都必须认真核对牌号，分清规格，并做好记录；当焊条端头有油漆着色或药皮上印有字时，要仔细核对，防止用错；不同牌号的焊条不能混在同一烘箱中烘干，如果使用时间较长或在野外施工，要使用焊条保温筒，随用随取；低氢焊条一般在常温下超过 4 h，应重新烘干。

2. 焊条的使用

（1）焊条使用前的检验。

焊条应有制造厂的质量合格证，凡无合格证或对其质量有怀疑时，应按批抽查检验，合格者方可使用,存放多年的焊条应进行工艺性能检验,待检验合格后才能使用。

如发现焊条内部有锈迹,需要经过检验合格后才能使用。焊条受潮严重,或发现药皮脱落,一般应予报废。

(2)焊条的烘焙。

焊条使用前按照说明书规定的烘焙温度进行烘干。焊条烘干的目的是去除受潮涂层中的水分,以减少熔池及焊缝中的氢,防止产生气孔和冷裂纹。烘干焊条要严格按照规定的工艺参数进行,烘干温度过高时,涂层中某些成分会发生分解,降低机械保护的效果;烘干温度过低或烘干时间不足时,受潮涂层的水分去除不彻底,仍会产生气孔和延迟裂纹。

碱性低氢型焊条烘焙温度一般为 350~400 ℃;对含氢量有特殊要求的低氢型焊条的烘焙温度应提高到 400~450 ℃,烘箱温度应缓慢升高,烘焙 1 h,烘干后放在 100~150 ℃的恒温箱内,随用随取。不可突然将冷焊条放入高温烘箱内或突然冷却,以免药皮开裂。重复烘干次数不宜超过二次。

酸性焊条根据受潮情况,在 70~150 ℃上烘焙 1~2 h。用于一般钢结构的酸性焊条,若储存时间短且包装完好,在使用前可不再烘焙。

烘干焊条时,每层焊条堆放得不能太厚(以 1~2 层为好),以免焊条受热不均和潮气不易排除。烘干时应做好记录。

1.5　焊条电弧焊的焊接工艺参数

焊接工艺参数是指焊接时,为保证焊接质量而选定的物理量(如焊接电流、电弧电压、焊接速度和热输入等)的总称。焊条电弧焊的焊接工艺参数主要包括焊条直径、焊接电流、电弧电压、焊接速度、焊接层数、热输入量、预热温度以及后热与焊后热处理等。

1.5.1　焊条直径

焊条直径是根据焊件厚度、焊接位置、接头形式和焊接层数等进行选择的。

厚度较大的焊件,搭接和 T 形接头的焊缝应选用直径较大的焊条;对于小坡口焊件,为了保证底层的熔透,宜采用较细直径的焊条,如打底焊时一般选用 ϕ2.5 mm 或 ϕ3.2 mm 的焊条。不同的焊接位置,选用的焊条直径也不同,通常平焊时选用较粗的 ϕ(4.0~6.0)mm 的焊条,立焊和仰焊时选用 ϕ(3.2~4.0)mm 的焊条,横焊时选用 ϕ(3.2~5.0)mm 的焊条。对于特殊钢材,需要小工艺参数焊接时可选用小直径焊条。

根据焊件厚度选择时,焊条直径与焊件厚度的关系见表 1.7。对于重要结构应根据规定的焊接范围(根据热输入量确定)来决定焊条直径。

表1.7　焊条直径与焊件厚度的关系

焊件厚度/mm	2	3	4 ~ 5	6 ~ 12	>13
焊条直径/mm	2	3.2	3.2 ~ 4	4 ~ 5	4 ~ 6

1.5.2　焊接电流

焊接电流是焊条电弧焊的主要工艺参数,焊接人员在操作过程中需要通过焊接设备调节的只有焊接电流,而焊接速度和电弧电压都是由焊接人员在操作过程中控制的,焊接电流的选择直接影响着焊接质量和焊接效率。

焊接电流越大,熔深越大,焊条熔化越快,焊接效率越高;但是焊接电流太大时,飞溅和烟雾大,焊条尾部易发红,部分涂层失效或崩落,而且容易产生咬边、焊瘤和烧穿等缺陷,增大焊件变形,还会使接头热影响区晶粒粗大,焊接接头的韧性降低;焊接电流太小时,则引弧困难,焊条容易黏连在工件上,电弧不稳定,易产生未焊透、未熔合、气孔和夹渣等缺陷,且生产率低。

因此选择焊接电流时,应根据焊条类型、焊条直径、焊件厚度、接头形式、焊接位置和焊接层数综合考虑。首先保证焊接质量,其次尽量采用较大的电流,以提高生产效率。板厚较大的焊件,选择 T 形接头和搭接头,原因是在施焊环境温度低时,导热较快,所以焊接电流要大一些,但主要考虑焊条直径、焊接位置和焊接层数等因素。

1. 焊条直径

焊条直径越大,熔化焊条所需的热量越大,必须增大焊接电流。每种焊条都有一个合适的电流范围,常用的焊条直径合适的焊接电流参考值见表1.8。

表1.8　常用的焊条直径合适的焊接电流参考值

焊条直径/mm	1.6	2.0	2.5	3.2	4.0	5.0	5.8
焊接电流/A	25 ~ 40	40 ~ 60	50 ~ 80	100 ~ 130	160 ~ 210	200 ~ 270	260 ~ 300

2. 焊接位置

在平焊位置焊接时,可选择偏大些的焊接电流;非平焊位置焊接时,为了易于控制焊缝成形,焊接电流比平焊位置的焊接电流小 10% ~ 20%。

3. 焊接层数

通常焊接打底层焊道时,为保证背面焊道的质量,使用的焊接电流较小;焊接填充层焊道时,为提高效率,保证熔合好,使用较大的电流;焊接盖面层焊道时,防止咬边和保证焊道成形美观,使用的电流稍小些。

焊接电流一般可根据焊条直径进行初步选择,通过试焊对焊接电流等工艺参数进行确认。对于有力学性能要求的如锅炉、压力容器等重要结构,要焊接工艺评定合格以后,才能确定焊接电流等工艺参数。

1.5.3 电弧电压

当焊接电流调好后,焊机的外特性曲线即确定,实际上电弧电压主要是由电弧长度决定的,电弧长,电弧电压高,反之则低。焊接过程中,电弧不宜过长,否则会出现电弧燃烧不稳定,飞溅大,熔深浅及产生咬边、气孔等缺陷;若电弧太短,容易黏焊条。一般情况下,电弧长度为焊条直径的0.5~1倍,相应的电弧电压为16~25 V。碱性焊条的电弧长度应不超过焊条的直径,为焊条直径的一半较好,尽可能地选择短弧焊;酸性焊条的电弧长度应等于焊条直径。

1.5.4 焊接速度

焊条电弧焊的焊接速度是指焊接过程中焊条沿焊接方向移动的速度,即单位时间内完成的焊缝长度。焊接速度过快会造成焊缝变窄,严重会导致焊缝凹凸不平,容易产生咬边和焊缝波形变尖等缺陷;焊接速度过慢会使焊缝变宽,余高增加,功效降低。焊接速度还直接决定着热输入量的大小,一般根据钢材的淬硬倾向来选择焊接速度。

1.5.5 焊接层数

厚板的焊接一般要开坡口并采用多层焊或多层多道焊,多层焊和多层多道焊接头的显微组织较细,热影响区较窄,前一条焊道对后一条焊道起预热作用,而后一条焊道对前一条焊道起热处理作用,因此,多层焊和多层多道焊接头的延性和韧性都比较好。特别是对于易淬火钢,后焊道对前焊道的回火作用,可改善接头组织和性能。

对于低合金高强钢等钢种,焊接层数对接头性能有明显影响。焊接层数少,每层焊缝厚度太大时,晶粒粗化,将导致焊接接头的延性和韧性下降。

1.5.6 热输入量

1. 焊接热输入量的相关因素

决定焊接热输入量大小的因素有焊接电流、焊接速度和电弧电压,其他因素还包括预热温度、层间温度、焊接层次(包括焊道尺寸)、电流种类与极性、焊接位置以及焊条直径等。

2. 衡量焊接热输入量的方法

根据焊接工艺评定确定焊接热输入量,不得超出评定范围,焊接生产时可以采用以下方法衡量焊接热输入量是否符合要求。

（1）焊接热输入量计算。

通过使用焊接电流、电弧电压和焊接速度计算焊接热输入量的大小，焊接热输入量（也称焊接线能量）Q 计算公式为

$$Q = k \cdot \frac{U \cdot I}{v}$$

式中　　Q——热输入量，J/mm；

I——焊接电流，A；

U——焊接电压，V；

v——焊接速度，mm/s；

k——焊接方法的热效率系数，焊条电弧焊（SMAW）热效率系数为 0.8。

（2）焊缝金属体积测量。

通过测量单位焊缝长度内熔敷焊缝金属的体积变化，比较焊接热输入量的大小。

当设计文件、技术标准或技术规范对产品性能指标（如冲击韧性、耐腐蚀性能等）有要求时，产品焊接过程中需要控制焊接热输入量。热输入量对低碳钢焊接接头性能的影响不大，因此对于低碳钢焊条电弧焊一般不规定热输入。对于低合金钢和不锈钢等钢种，热输入量太大时，接头性能可能降低；热输入量太小时，有的钢种焊接时可能产生裂纹，因此焊接工艺规定热输入量。焊接电流和热输入量规定之后，焊条电弧焊的电弧电压和焊接速度就间接地大致确定了。

一般要通过试验来确定既可以不产生焊接裂纹，又能保证接头性能合格的热输入量范围，允许的热输入量范围越大，越便于焊接操作。

1.5.7　预热温度

预热是焊接开始前对被焊工件的全部或局部进行适当加热的工艺措施，预热可以减小接头焊后冷却速度，避免产生淬硬组织，减小焊接应力及变形，是防止产生裂纹的有效措施。对于刚性不大的低碳钢和强度级别较低的低合金高强钢的结构，一般不进行预热；但对刚性大或焊接性能差且容易产生裂纹的结构，焊前需要预热。

预热温度根据母材的化学成分，焊件的性能、厚度，焊接接头的拘束程度，施焊环境温度以及有关产品的技术标准等条件综合考虑，重要的结构要经过裂纹试验确定不产生裂纹的最低预热温度。预热温度选得越高，防止裂纹产生的效果越好；但超过必需的预热温度，会使熔合区附近的金属晶粒粗化，降低焊接接头质量，劳动条件也会更加恶劣。整体预热通常采用各种炉子加热，局部预热一般采用气体火焰加热或红外线加热，预热温度常用表面温度计测量。

1.5.8　后热与焊后热处理

焊后立即对焊件的全部（或局部）进行加热或保温，使其缓慢冷却的工艺措施称为后

热,后热的目的是避免形成淬硬组织以及促使扩散氢逸出焊缝表面,防止产生裂纹。

焊后为改善焊接接头的显微组织和性能或消除焊接残余应力而进行的热处理称为焊后热处理。焊后热处理的主要作用是消除焊件的焊接残余应力,降低焊接区的硬度,促使扩散氢逸出,稳定组织及改善力学性能、高温性能等,因此选择热处理温度时要根据钢材的性能、显微组织、接头的工作温度、结构形式和热处理目的等综合考虑,并通过显微金相和硬度试验来确定。

对于易产生脆断和延迟裂纹的重要结构、尺寸稳定性要求高的结构以及有应力腐蚀的结构,应考虑进行消除应力退火;对于锅炉、压力容器,则有专门的规程规定,厚度超过一定限度后要进行消除应力退火。消除应力退火的温度按有关规程或资料根据结构材质确定,必要时要经过试验确定。铬钼珠光体耐热钢焊后常常需要高温回火,以改善接头组织,消除焊接残余应力。

用于核安全设备制造和安装的焊接工艺均需要经过焊接工艺评定。按照焊接工程师设计的焊接工艺焊制的试件,经无损检测和理化试验证明其焊接质量和接头性能满足技术要求,并经焊接工艺评定合格后该焊接工艺才正式得以确定。焊接施工时,必须严格按规定的焊接工艺进行,不得随意更改。

1.6　焊条电弧焊焊接操作技术

1.6.1　基本操作技术

焊条电弧焊的基本操作技术主要包括引弧方法、运条方法、接头方法和收弧方法,焊接操作过程中,掌握这四种方法是保证焊接质量的关键。

1. 引弧方法

焊接开始时,引燃焊接电弧的过程称为引弧,引弧是焊条电弧焊焊接操作中最基本的动作,如果引弧不当会产生气孔、夹渣等焊接缺陷,引弧方法有敲击法和划擦法两种。

(1)敲击法。

敲击法是一种理想的引弧方法,将焊条垂直与焊件接触形成短路后迅速提起 2～4 mm 的距离后电弧即引燃。敲击法不容易掌握,但焊接淬硬倾向较大的钢材时最好采用敲击法。

(2)划擦法。

划擦法是将焊条在焊件表面上划动一下,即可引燃电弧,但容易在焊件表面造成电弧擦伤,必须在焊缝前方的坡口内划擦引弧。

2. 运条方法

焊接过程中,焊条相对焊缝所做各种动作的总称为运条。电弧引燃后运条时,焊条末端有三个基本动作要互相配合,即焊条沿着轴线向熔池送进、焊条沿着焊接方向移动和焊条做横向摆动,这三个动作组成焊条有规则的运动。

运条的方法有很多,焊接人员可以根据焊接接头形式、焊接位置、焊条规格、焊接电流和操作熟练程度等因素合理地选择各种运条方法,常用的运条方法及适用范围见表1.9。

表1.9　常用的运条方法及适用范围

运条方法		运条示意图	适用范围
直线形运条法		——————————	①3~5 mm 厚度 I 形坡口对接平焊 ②多层焊的第一层焊道 ③多层多道焊
直线往返形运条法		〰〰〰〰〰	①薄板焊 ②对接平焊(间隙较大)
锯齿形运条法		MMMMMM	①对接接头(平焊、立焊、仰焊) ②角接接头(立焊)
月牙形运条法		)))))))	同锯齿形运条法
三角形运条法	斜三角形	〰〰〰	①角接接头(仰焊) ②对接接头(开 V 形坡口横焊)
	正三角形	〰〰〰	①角接接头(仰焊) ②对接接头
圆圈形运条法	斜圆圈形	○○○○○	①角接接头(平焊、仰焊) ②对接接头(横焊)
	正圆圈形	○○○○	对接接头(厚焊件平焊)
八字形运条法		∞∞∞∞	对接接头(厚焊件平焊)

3. 接头方法

焊条电弧焊焊接时,由于受到焊条长度的限制,在焊接过程中产生焊缝接头的情况是不可避免的。常用的施焊接头的连接形式可以分为两类,一类是冷接头,即焊缝与焊缝之间的接头连接;另一类为热接头,即焊接过程中由于自行断弧或更换焊条时,熔池处在高温红热状态下的接头连接。根据不同的接头形式,采用不同的操作方法。

(1)冷接头操作方法。

冷接头在施焊前,应使用砂轮机或机械方法将焊缝被连接处打磨出斜坡形过渡带,在接头前方 10 mm 处引弧,电弧引燃后稍微拉长一些,然后移到接头处,稍作停留,待形成熔池后再继续向前焊接。用这种方法可以使接头得到必要的预热,保证熔池中气体的逸出,防止在接头处产生气孔。收弧时要将弧坑填满后,慢慢地将焊条拉向弧坑一侧熄弧。

(2)热接头操作方法。

热接头操作方法可分为两种,一种是快速接头法,另一种是正常接头法。

①快速接头法。

快速接头法是在熔池熔渣尚未完全凝固的状态下,将焊条端头与熔渣接触,在高温热电离的作用下重新引燃电弧后的接头方法。这种接头方法适用于厚板的大电流焊接,它要求焊接人员更换焊条的动作要特别迅速且准确。

②正常接头法。

正常接头法是在熔池前方 5 mm 左右处引弧后,将电弧迅速拉回熔池,按照熔池的形状摆动焊条后正常焊接的接头方法,如果等到收弧处完全冷却后再接头,则宜采用冷接头操作方法。

4.收弧方法

收弧是焊接过程中的关键动作,可以分为两种操作方法,一种是连弧法操作技术中的收弧方法,另一种是断弧法操作技术中的收弧方法。如果操作不当,可能会产生弧坑、缩孔和弧坑裂纹等焊接缺陷。

(1)连弧法收弧。

连弧法收弧可以分为焊接过程中更换焊条的收弧方法和焊接结束时焊缝收尾处的收弧方法。更换焊条时,为了防止产生缩孔,应将电弧缓慢地拉向后方坡口一侧约 10 mm后再衰减熄弧;焊缝收尾处的收弧应将电弧在弧坑处稍作停留,待弧坑填满后将电弧慢慢拉长,然后熄弧。

(2)断弧法收弧。

采用断弧法收弧时,焊接过程中的每一个动作都是起弧和收弧的动作,收弧时,必须将电弧拉向坡口边缘后再熄弧,焊缝收尾处应采取反复断弧的方法填满弧坑。

1.6.2　单面焊双面成形技术

当焊件要求焊接接头完全焊透,而因构件尺寸和形状的限制,只能在一侧进行焊接,此时应采用单面焊双面成形技术。焊条电弧焊单面焊双面成形技术是指采用普通的焊条以特殊的操作方法,在坡口背面没有任何辅助措施的条件下,在坡口的正面进行焊接,焊后保证坡口的正、反两面都能得到均匀整齐、成形良好、符合质量要求的焊缝的焊接操作方法。单面焊双面成形技术是焊条电弧焊中难度较大的一种操作技术,第 2 章中将要阐述的焊条电弧焊板对接立向上焊用到单面焊双面成形技术。

1. 单面焊双面成形技术的操作方法

焊条电弧焊单面焊双面成形技术一般用于 V 形坡口对接焊,按接头位置不同可进行平焊、立焊、横焊和仰焊等位置焊接。操作方法有两种,一种是断弧法,另一种是连弧法。断弧法是通过电弧的不断引燃和熄灭来控制熔池温度和熔池形状,达到单面焊双面成形的目的;连弧法则是在一底层焊条焊接过程中不存在人为的熄弧,通过选择适当的焊接工艺参数、运条方法和焊条角度来控制熔池温度及熔池形状,达到单面焊双面成形的目的。

2. 连弧法单面焊双面成形的机理

连弧法单面焊双面成形的机理可以分为渗透成形和穿透成形两种。

渗透成形是在坡口无间隙或间隙很小时,采用压低电弧直线形运条法。虽然背面成形均匀,但由于坡口两侧靠电弧和熔池的热传导熔合在一起,背面缺少气渣保护,焊缝在高温下易氧化烧损,渗透过程中局部出现半熔化状态易造成假熔合,降低了焊缝质量。当使用专用的打底焊条时,可以克服上述缺点,否则不宜采用这种方法施焊。

穿透成形是在坡口、间隙和钝边合适的情况下,采用锯齿形或月牙形短弧运条法,使焊道前方始终保持一个穿透的熔孔,使坡口两侧母材金属和填充金属共同熔化后均匀地搅拌成熔池,焊道两面可同时处在气渣保护之下,既达到单面焊双面成形的目的,又保证了焊接质量,是广泛应用的一种焊接方法。

焊接人员在操作过程中要想保证单面焊双面成形的质量,必须控制熔孔的尺寸,常用的控制方法有改变焊接电流的大小、调整焊接电弧的长度、改变运条方法和在运条过程中随时调整焊条的倾斜角度。其中最好的控制方法是在运条过程中随着熔孔直径的变化,随时调整焊条的倾斜角度,通过焊条倾斜角度的变化控制熔池的温度和作用力,使熔孔始终保持同样的尺寸,保证焊缝背面形成均匀美观的焊道,达到单面焊双面成形的目的。

1.7 焊条电弧焊焊接常见缺陷及预防措施

焊条电弧焊焊接过程中常见缺陷有焊缝形状缺陷、气孔、夹杂和夹渣以及裂纹等。焊接缺陷会导致应力集中,降低承载能力,缩短使用寿命,甚至造成脆断。一般技术规程规定不允许有裂纹、未焊透、未熔合和表面夹渣等缺陷;咬边、内部夹渣和气孔等缺陷不能超过一定的允许值;对于有超标缺陷的焊接接头必须彻底去除缺陷,并按技术方案进行修复。

1.7.1 焊缝形状缺陷产生原因及预防措施

焊缝形状缺陷有焊缝尺寸不符合要求、咬边、未焊透、未熔合、焊瘤和弧坑等,本节详细介绍焊缝形状缺陷产生原因和预防措施。

1.焊缝尺寸不符合要求

焊缝尺寸不符合要求主要是指焊缝余高及余高差、焊缝宽度及宽度差、错边量以及焊后变形量等不符合标准规定的尺寸。焊缝宽度不一致,除了造成焊缝成形不美观外,还影响焊缝与母材的结合强度;焊缝余高过大,造成应力集中,而焊缝低于母材,则得不到足够的接头强度;错边和变形过大,则会使焊缝扭曲及产生应力集中,造成强度下降。

(1)产生原因。

坡口角度不当或钝边以及装配间隙不均匀;焊接工艺参数选择不合理;焊接人员的操作技能较低等。

(2)预防措施。

选择适当的坡口角度和装配间隙;提高装配质量;选择合适的焊接工艺参数;提高焊接人员的操作技术水平等。

2.咬边

由于焊接工艺参数选择不正确或操作工艺不正确,在沿着焊趾的母材部位烧熔形成的沟槽或凹陷称为咬边,如图1.9所示。咬边不仅减弱了焊接接头强度,而且因应力集中容易引发裂纹。

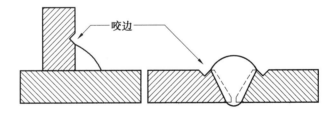

图1.9 咬边示意图

(1)产生原因。

咬边产生原因主要是电流过大、电弧过长、焊条角度不正确和运条方法不当等。

(2)预防措施。

焊条电弧焊焊接时要选择合适的焊接电流和焊接速度;电弧不能拉得太长;焊条角度适当;运条方法要正确。

3.未焊透

未焊透是指焊接时焊接接头底层未完全熔透的现象。未焊透处会造成应力集中,并容易引起裂纹,重要的焊接接头不允许有未焊透。

(1)产生原因。

坡口角度或间隙过小、钝边过大;焊接工艺参数选用不当或装配不良;焊接人员操作技术不良。

（2）预防措施。

正确选用和加工坡口尺寸,合理装配,保证间隙;选择合适的焊接电流和焊接速度;提高焊接人员的操作技术水平。

4. 未熔合

未熔合是指熔焊时,焊道与母材之间或焊道与焊道之间,未完全熔化结合的部分。未熔合直接降低了接头的力学性能,严重的未熔合会使焊接结构无法承载。

（1）产生原因。

主要是焊接热输入量太低,电弧指向偏斜;坡口侧壁有锈垢及污物;层间消渣不彻底等。

（2）预防措施。

正确选择焊接工艺参数;认真操作,加强层间清理等。

5. 焊瘤

焊瘤是指焊接过程中熔化金属流淌到焊缝之外未熔化的母材上所形成的金属瘤。焊瘤不仅影响了焊缝的成形,而且在焊瘤的部位往往还存在夹渣和未焊透。

（1）产生原因。

由于熔池温度过高,液体金属凝固较慢,熔滴自身的重力作用导致焊瘤形成。

（2）预防措施。

焊条电弧焊焊接时根据不同的焊接位置选择合适的焊接工艺参数,严格控制熔孔的大小。

6. 弧坑

焊缝收尾处产生的下陷部分称为弧坑。弧坑不仅使该处焊缝的强度严重削弱,而且由于杂质的集中,会产生弧坑裂纹。

（1）产生原因。

主要是熄弧停留时间过短,薄板焊接时电流过大。

（2）预防措施。

焊条电弧焊收弧时,焊条应在熔池处稍作停留或做环形运条,待熔池金属填满后再引向一侧熄弧。

1.7.2 气孔、夹杂和夹渣产生原因及预防措施

1. 气孔

焊接时,熔池中的气体在凝固时未能逸出而残留下来所形成的空穴称为气孔。气孔是一种常见的焊接缺陷,分为焊缝内部气孔和外部气孔。气孔有圆形、椭圆形、虫形、针状形和密集形等,气孔的存在不仅会影响焊缝的致密性,还会减少焊缝的有效面积,降低焊缝的力学性能。

（1）产生原因。

焊件表面和坡口处有锈、水和油污等污物存在；焊条药皮受潮，使用前没有烘干；焊接电流太小或焊接速度过快；电弧过长或偏吹；熔池保护效果不好，空气侵入熔池；焊接电流过大，焊条发红、药皮提前脱落，失去保护作用；运条方法不当，如收弧动作太快，易产生缩孔；接头引弧动作不正确，易产生密集气孔等。

（2）预防措施。

焊前将坡口两侧 20～30 mm 范围内的锈、水和油污消除干净；严格按照焊条说明书规定的温度和时间烘焙；正确选择焊接工艺参数，正确操作；尽量采用短弧焊接，野外施工要有防风设施；不允许使用失效的焊条，如焊芯锈蚀、药皮开裂、剥落和偏心度过大等。

2. 夹杂和夹渣

夹杂是残留在焊缝金属中由冶金反应产生的非金属夹杂和氧化物。夹渣是残留在焊缝中的熔渣，夹渣可分为点状夹渣和条状夹渣两种。夹渣削弱了焊缝的有效断面，从而降低了焊缝的力学性能，夹渣还会引起应力集中，容易使焊接结构在承载时遭受破坏。

（1）产生原因。

焊接过程中的层间清渣不净；焊接电流太小；焊接速度太快；焊接过程中操作不当；焊接材料与母材化学成分匹配不当；坡口设计加工不合适等。

（2）预防措施。

选择脱渣性能好的焊条；认真消除层间熔渣；合理选择焊接工艺参数；调整焊条角度和运条方法。

1.7.3 裂纹产生原因及预防措施

裂纹按其产生的温度和时间的不同可以分为冷裂纹、热裂纹和再热裂纹，本节对其进行详细介绍；按其产生的部位不同可分为纵裂纹、横裂纹、根部裂纹、弧坑裂纹、熔合线裂纹和热影响区裂纹等。裂纹是焊接结构中最危险的一种缺陷，不仅会使产品报废，甚至可能引起严重的生产事故。

1. 热裂纹

焊接过程中，焊缝和热影响区金属冷却到固相线附近的高温区间所产生的焊接裂纹称为热裂纹，热裂纹是一种不允许存在的危险焊接缺陷。根据热裂纹产生的机理、温度区间和形态，热裂纹可以分为结晶裂纹、高温液化裂纹和高温低塑性裂纹。

（1）产生原因。

熔池金属中的低熔点共晶物和杂质在结晶过程中，形成严重的晶内和晶间偏析，同时在焊接应力作用下，沿着晶界被拉开，形成热裂纹。热裂纹一般多发生在奥氏体不锈钢、镁合金和铝合金中。低碳钢焊接时一般不易产生热裂纹，但随着钢的含碳量增高，产生热裂纹的倾向也增大。

（2）预防措施。

严格控制钢材及焊接材料的 S、P 等有害杂质的含量，降低热裂纹的敏感性；调节焊缝金属的化学成分，改善焊缝组织，细化晶粒，提高塑性，减少或分散偏析程度；采用碱性焊条；选择合适的焊接工艺参数，适当提高焊缝成形系数，采用多层多道排焊法；断弧时采用与母材相同的引出板，或逐渐灭弧，并填满弧坑，避免在弧坑处产生热裂纹。

2. 冷裂纹

焊接接头冷却到较低温度下（对于钢来说在 M_s 温度以下）产生的裂纹称为冷裂纹。冷裂纹可在焊后立即出现，也可能经过一段时间（几小时、几天，甚至更长时间）才出现，这种裂纹又称为延迟裂纹，它是冷裂纹中比较普遍的一种形态，具有更大的危险性。

（1）产生原因。

马氏体转变而形成的淬硬组织、拘束度大而形成的焊接残余应力和残留在焊缝中的氢是产生冷裂纹的三大原因。

（2）预防措施。

选用碱性低氢型焊条，使用前严格按照说明书的规定进行烘焙；焊前清除焊件上的锈、水和油污，减少焊缝中氢的含量；选择合理的焊接工艺参数和热输入量，减少焊缝的淬硬倾向；焊后立即进行消氢处理，使氢从焊接接头中逸出；对于淬硬倾向高的钢材，焊前预热，焊后及时进行热处理，改善接头的组织和性能；采用降低焊接应力的各种工艺措施。

3. 再热裂纹

焊后焊件在一定温度范围内再次加热（消除应力热处理或其他加热过程）而产生的裂纹称为再热裂纹。

（1）产生原因。

再热裂纹一般发生在含 V、Cr、Mo、B 等合金元素的低合金高强度钢、珠光体耐热钢和不锈钢中，是经受一次焊接热循环后，再加热到敏感区域（550~650 ℃范围内）而产生的。这是因为第一次加热过程中过饱和的固溶碳化物（主要是 V、Mo、Cr 碳化物）再次析出，造成晶内强化，使滑移应变集中于原先的奥氏体晶界，当晶界的塑性应变能力不足以承受松弛应力过程中的应变时，就会产生再热裂纹。裂纹大多起源于焊接热影响区的粗晶区；再热裂纹大多数产生于厚件和应力集中处，多层焊时也会产生再热裂纹。

（2）预防措施。

在满足设计要求的前提下，选择低强度的焊条，使焊缝强度低于母材，应力在焊缝中松弛，避免热影响区产生裂纹；尽量减少焊接残余应力和应力集中；控制焊接热输入量；合理选择热处理温度，尽可能地避开敏感区范围的温度。

第2章 焊条电弧焊碳钢板对接立向上焊

根据《民用核安全设备焊接人员操作考试技术要求(试行)》,焊条电弧焊碳钢板对接立向上焊是取得焊条电弧焊方法资格证书必须通过的考试项目之一,该项操作技能的培训和考试,对于了解碳钢的焊接特点,掌握碳钢板对接单面焊双面成形焊条电弧焊的操作技能具有重要意义,是获得对应的 SMAW-01 操作资格的必要条件。本章就该项目操作技能的相关内容进行介绍。

2.1 碳钢分类及焊接特点

2.1.1 碳钢的分类

碳钢是碳的质量分数为 0.021 8% ~ 2.11% 的铁碳合金,也称为碳素钢。钢材的分类方法有很多,核安全设备中一般使用质量分类优质以上的碳素钢。

碳素钢的标准有国家标准,也有根据不同用途划分的行业标准。例如,GB/T 699—2015《优质碳素结构钢》、GB/T 700—2006《碳素结构钢》、GB/T 711—2017《优质碳素结构钢热轧钢板和钢带》、GB/T 11253—2019《碳素结构钢冷轧钢板及钢带》和 GB/T 13237—2013《优质碳素结构钢冷轧钢板和钢带》等标准。其牌号规则有两种,一种是数字在前,字母在后,例如 10Mn、20Mn、15Mn,其中数字代表碳的质量分数,字母代表合金元素;另一种是字母在前,数字在后,例如 Q215、Q235,其中数字代表钢材的屈服强度。

1. 按照用途分类

(1)碳素结构钢。碳素结构钢分为工程构建钢和机器制造结构钢两种。

(2)碳素工具钢。

(3)易切削结构钢。

2. 按照冶炼方法分类

(1)平炉钢。

(2)转炉钢。

3. 按照脱氧方法分类

(1)沸腾钢(F)。

(2)镇静钢(Z)。

(3)半镇静钢(b)。

（4）特殊镇静钢（TZ）。

4. 按照碳含量分类

（1）低碳钢（$w(C) \leqslant 0.25\%$）。

（2）中碳钢（$w(C)$ 为 $0.25\% \sim 0.6\%$）。

（3）高碳钢（$w(C) > 0.6\%$）。

5. 按照钢的质量分类

（1）普通碳素结构钢（含磷、硫较高）。

（2）优质碳素结构钢（含磷、硫较低）。

（3）高级优质结构钢（含磷、硫更低）。

（4）特级优质结构钢。

2.1.2 碳钢的焊接特点

优质碳素结构钢是在普通碳素结构钢的基础上，较严格限制钢中的杂质元素（尤其是硫、磷元素的质量分数），控制晶粒度，改善表面质量而形成的。其强度随碳元素质量分数增高而增大，具有良好的综合机械性能，优良的强、韧性能比，抗脆断性能好，但是随着碳元素质量分数的增加，韧性及塑性下降，冷加工性变差，大厚板件冲压成型时必须加热至一定温度方可进行。

1. 优质碳素结构钢的焊接性

优质碳素结构钢碳元素的质量分数在 $0.05\% \sim 0.90\%$ 变化，钢材中碳元素的质量分数相差悬殊，焊接性也大不相同。总体趋势是随着钢中碳元素质量分数的增加，钢材的强度和硬度提高，由奥氏体转变为马氏体的开始温度（M_s）下降，转变的组织也由块状马氏体变成块状马氏体加孪晶马氏体，最后全部变成孪晶马氏体，使钢材的塑性和韧性大大下降，特别是焊接性严重恶化，容易产生焊道下裂纹、热影响区脆化裂纹等。

按一般的分类方法，优质碳素结构钢可以分为低碳（$w(C) < 0.25\%$）、中碳（$w(C) = 0.25\% \sim 0.60\%$）和高碳（$w(C) > 0.60\%$）优质碳素结构钢。低碳优质碳素结构钢的焊接性类似于普通碳素结构钢 Q235；中碳优质碳素结构钢的焊接性由于碳元素的质量分数高达 0.6%，焊缝及近缝区容易产生低塑性的脆硬组织，因此焊接性较差；高碳优质碳素结构钢中的碳元素质量分数大于 0.60%，焊后更容易产生高碳马氏体，其淬硬倾向和裂纹的敏感性远高于中碳优质碳素结构钢，因此焊接性更差，高碳优质碳素结构钢不用于焊接结构，主要用于要求高硬度或耐磨的零部件等，工程上高碳优质碳素结构钢主要是用焊接方法进行修复。

2. 优质碳素结构钢的焊接工艺特点

常用于焊接的低碳优质碳素结构钢主要是指牌号为 08、10、15、20 和 25 的钢，这些钢因含碳量较低，焊接性良好，可以采用任何焊接方法进行焊接，其焊接工艺类似于普通碳素结构钢;常用的中碳优质碳素结构钢有 35 钢、45 钢和 55 钢,这三种钢因含碳量较高,碳质量分数大于 0.4%,焊接性较差,焊接时必须采取一定的工艺措施,焊前应预热到 150 ~ 250 ℃,并保持该层间温度,采用低氢焊接工艺(如氩弧焊、二氧化碳气保焊和焊条电弧焊)时采用低氢型焊接材料,焊前严格清理待焊部件坡口两侧的油污、铁锈等,焊后进行 600 ~ 650 ℃ 的回火热处理。

高碳优质碳素结构钢经过热处理达到高硬度和耐磨性能要求,一般在修补焊接前进行退火处理,焊后进行热处理以恢复钢材的高硬度和耐磨性。焊接高碳优质碳素结构钢时,应采用低氢焊接工艺,焊条电弧焊时,考虑焊接接头与母材等强度以及由于含碳量高焊接性差等问题,必须采用高韧性、超低氢型焊接材料,焊前预热 250 ~ 350 ℃,并保持该层间温度,焊后缓冷,并进行(250 ~ 350)℃/2 h 去氢处理,如大型构件应立即进行焊后 650 ℃ 的消除应力热处理。

2.2　焊条电弧焊碳钢板对接立向上焊项目操作要点简介

2.2.1　编写依据

(1)《民用核安全设备焊接人员资格管理规定》,中华人民共和国生态环境部令第 5 号。

(2)《民用核安全设备焊接人员操作考试技术要求(试行)》,国核安发〔2019〕238 号文。

(3)《焊条电弧焊(SMAW)操作考试规程》,民用核安全设备焊接人员操作考试标准化文件。

2.2.2　操作特点和要点

为了叙述方便,本章均称焊条电弧焊碳钢板对接立向上焊项目为"SMAW-01"。

1. 操作特点

(1)SMAW-01 项目焊接特点是控制焊接热输入量,应选用小的焊接参数,如小电流、快速度和适当摆动。

(2)防止气孔、夹渣、咬边和冷裂纹。板对接立焊位置焊接时,液态金属由于重力的作用下坠,不易保持熔池稳定,易产生包括焊瘤在内的各种焊接缺陷。因此,严格控制焊条的运条速度以及焊条与焊接方向和工件的角度,短弧操作可以减少焊接缺陷的发生。

2. 操作要点

(1)打底。立焊的打底焊道,需要特别注意两边死角和坡口面的熔合。

(2)填充。填充需要事先规划好每层的焊接顺序,注意盖面前一层预留的边角。

（3）盖面。盖面需要注意采用较小的焊接电流及在坡口两侧较少的停留时间,避免焊趾处产生咬边和未熔合缺陷。

2.3 焊条电弧焊（SMAW）考试规程

焊接人员应按照符合《民用核安全设备焊接人员操作考试技术要求（试行）》规定的《焊接工艺规程》焊接试件进行考试。表 2.1 为民用核安全设备焊接人员操作考试焊接工艺规程数据单。

表 2.1 民用核安全设备焊接人员操作考试焊接工艺规程数据单

编号：　　　　　　　　　　　　　　　　　　版次：

技能考试项目代号	SMAW 焊接方法考试——板对接		
工艺评定报告编号/ 依据标准/有效期	HP2020-009/ NB/T 20002.3—2013/长期有效	自动化程度/稳压 系统/自动跟踪系统	手工
焊接接头		焊缝详图	
坡口形式	V 形	60° 0.5~2 mm 12 mm 2~4 mm — 125 mm 母材 Q345R,200 mm×125 mm×12 mm 焊材 E5015,φ3.2 mm/φ4.0 mm 试件单面焊双面成形	
衬垫（材料）	NA		
焊缝金属厚度	12 mm		
管直径	NA		
试件厚度	12 mm		
母材		填充金属	
类别号	非合金钢和细晶粒钢	焊材类型 （焊条、焊丝、焊带等）	焊条
牌号	Q345R	焊材型（牌）号/规格	E5015 或等同型号 φ3.2 mm、φ4.0 mm
规格	δ12 mm	焊剂型（牌）号	NA
焊接位置		保护气体类型/混合比/流量	
焊接位置	PF	正面	NA
焊接方向	水平固定向上立焊位置	背面	NA
其他	NA	尾部	NA
预热和层间温度		焊后热处理	

续表 2.1

技能考试项目代号	SMAW 焊接方法考试——板对接		
工艺评定报告编号/ 依据标准/有效期	HP2020-009/ NB/T 20002.3—2013/长期有效	自动化程度/稳压 系统/自动跟踪系统	手工
预热方式	NA	其他	NA
预热温度	NA	温度范围	NA
层间温度	≤250 ℃	保温时间	NA
焊接技术			
最大线能量	NA		
喷嘴尺寸	NA	导电嘴与工件距离	NA
清根方法	NA	焊接层数范围	3~5
钨极类型/尺寸	NA	熔滴过渡方式	NA
直向焊、摆动焊及摆动方法		摆动焊/横摆焊	
背面、打底及中间焊道清理方法		手工或机械打磨	

焊接参数

焊层	焊接 方法	焊材		焊接电流		电压范围 /V	焊接速度 /(mm· min⁻¹)
		型(牌)号	规格/mm	极性	范围/A		
1(打底层)	SMAW	E5015	φ3.2	直流反接	70~120	20~26	NA
2~N(填充层)	SMAW	E5015	φ3.2	直流反接	90~130	20~26	焊条规格 自行选用
			φ4.0		120~160	20~26	
N+1(盖面层)	SMAW	E5015	φ3.2	直流反接	90~130	20~26	焊条规格 自行选用
			φ4.0		120~160	20~26	
编制		审核			批准		
日期		日期			日期		

2.4　常见焊接缺陷及解决方法

2.4.1　常见焊接缺陷

焊条电弧焊在操作过程中,由于操作不当可能会出现焊瘤、未焊透、气孔、夹渣、咬边、缩孔、内凹和未熔合等焊接缺陷。

2.4.2 常见焊接缺陷产生部位及解决方法

1. 焊瘤和未焊透

焊瘤和未焊透实物照片如图 2.1 所示。

（1）产生部位。打底层焊道的背面。

（2）解决方法。调整好焊接电流后,在运条操作时控制好焊条角度,电弧在坡口两侧的停留时间应适当,保证正常的熔孔尺寸和熔池温度。熔孔过大,熔池温度过高,会产生焊瘤;熔孔过小,熔池温度过低,会出现未焊透。

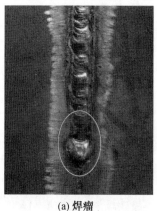

(a) 焊瘤   (b) 未焊透

图 2.1　焊瘤和未焊透实物照片

2. 气孔

气孔实物照片如图 2.2 所示。

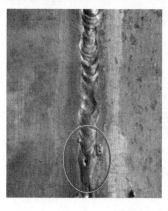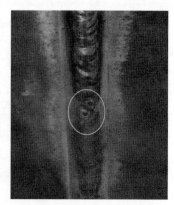

图 2.2　气孔实物照片

（1）产生部位。主要产生在焊缝接头处,焊缝中也可能出现。

（2）解决方法。清除坡口及其周围至少 10 mm 范围内的油、锈等其他杂质;焊条严格按要求烘干,且领取焊条后应放置保温筒内,焊接时随取随用;采用短弧操作,掌握合适的焊条的运条角度;使用正确的焊缝接头和引弧操作技术;选择合适的焊接规范,使用较小的焊接电流。

3. 夹渣

夹渣实物照片如图 2.3 所示。

（1）产生部位。多存在于各层焊道间或焊道与母材的交界处。

（2）解决方法。彻底清除前焊道的熔渣，施焊时电流不宜过小，避免熔渣上浮困难；保持正确的焊条角度及运条方式；保证每层焊道与坡口两侧圆滑过渡。

图 2.3　夹渣实物照片

4. 咬边

咬边实物照片如图 2.4 所示。

（1）产生部位。沿着焊趾的母材部位。

（2）解决方法。焊接时运条要平稳，掌握焊条角度及运条方式，正确选择焊接规范；焊接电流不宜过大，短弧操作并推动熔池金属覆盖好已被熔化的坡口边缘；当焊条做锯齿形摆动时，两边停留时间应比中间停留时间稍长。

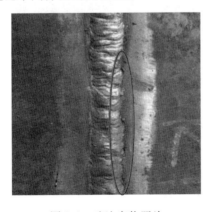

图 2.4　咬边实物照片

5. 缩孔

缩孔实物照片如图 2.5 所示。

图 2.5　缩孔实物照片

（1）产生部位。打底层收弧的弧坑处。

（2）解决方法。采用连续收弧法的电弧引出方式；收弧时使熔池温度逐渐降低，将熔池由慢到快引向后方的坡口一侧约 10 mm 处熄灭电弧。

6. 内凹

内凹实物照片如图 2.6 所示。

图 2.6　内凹实物照片

（1）产生部位。打底层焊道的背面。

（2）解决方法。打底层横向摆动过程中，一定要压低电弧；电弧到达坡口中间时不能移动得太快，要保持一定的熔池温度和熔孔尺寸，并给予一定量的填充金属。

7. 未熔合

未熔合实物照片如图 2.7 所示。

（1）产生部位。主要产生于焊道与母材结合处，多道焊时也可能出现在焊道间结合面。

（2）解决方法。当摆动焊条，在坡口边缘处作必要的停留，注意观察熔池金属将坡口的边缘熔合 1～2 mm；焊条横向摆动时，应控制两节点间距离，不得间隔过大；多道焊时，注意运条时两侧的停留时间。

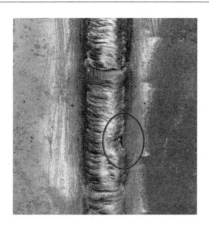

图 2.7　未熔合实物照片

2.5　焊前准备

2.5.1　一般要求

1. 施焊环境

环境温度不低于–10 ℃,相对湿度小于 90%,焊接环境风速小于 8 m/s,试板温度不低于 5 ℃。

2. 母材及焊材

(1)母材牌号与要求。

母材牌号为 Q345R,规格 δ 12 mm×125 mm×300 mm。

要求:规格尺寸的偏差应在规定值±10%范围内。

(2)焊材型号与要求。

焊材型号为 E5015 或等同型号,直径规格为 φ3.2 mm、φ4.0 mm。

要求:焊条焊前应烘干,烘干温度为 350 ℃,保温时间为 1 h;焊接过程中要放置于保温筒中,随取随用。

3. 焊接设备

(1)符合 GB 15579 标准。

(2)能实现焊条电弧焊功能。

(3)焊机及仪表均需经过检定并在有效期内。

2.5.2　工器具准备

焊接工具有数字型接触式测温仪、电动角向磨光机、砂轮片、钢丝刷、扁铲、清渣锤和锯条。

2.5.3 劳保防护

需要穿戴劳保工作服、劳保鞋、口罩、耳塞、手套、防护眼镜和焊接面罩。

2.5.4 考前相关检查和要求

(1)核查母材牌号、焊材型号的规格尺寸等是否符合考试和文件要求。

(2)启动焊机前,检查各处的接线是否正确、牢固可靠,仪器仪表(如电流表、电压表等)是否检定并在有效期内。

(3)焊机运行检查、极性检查(接法为直流反接,即工件接负),辅助按钮的正确使用,工装夹具是否可以正常使用以及工装夹具扳手是否齐全。

(4)严格按照焊接工艺规程要求进行装配,焊接参数设置不得超出焊接工艺规程要求。

(5)试件清理及装配过程中,需要注意打磨方向,不得朝着人或者设备方向进行打磨。

(6)考试前,应在监考人员与焊接人员共同在场确认的情况下,在试件上标注焊接人员考试编号。

(7)定位焊缝使用的焊材与打底焊使用的焊材相同。

2.5.5 坡口及装配

1.板对接试件

V 形坡口;机械加工,钝边为 0.5~1 mm,各边无毛刺,距坡口边缘 50 mm 处划坡口两侧增宽线。板对接试件加工示意图如图 2.8 所示。

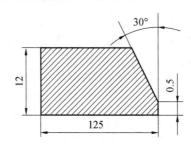

图 2.8 板对接试件加工示意图(mm)

2.试件装配及定位焊

试件装配前坡口表面和两侧各 25 mm 范围内清理干净,去除铁屑、氧化皮、油、锈和污垢等杂物。

装配间隙以距离起焊端 3.0 mm、终焊端 3.5 mm 为宜,试件错边量应不大于 1.2 mm,如图 2.9 所示。

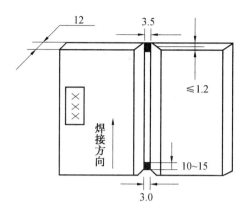

图 2.9 定位焊试件装配示意图(mm)

使用与正式焊接相同焊条分别在试板两端进行定位焊,每处点焊长度不得超过 20 mm,以 10 ~ 15 mm 为宜。定位焊缝不能太厚,以免焊接到定位焊缝的焊缝接头处时,由于根部熔合不好而产生焊接缺陷;同时,应注意尽量减少错边,电弧不得烧毁坡口棱边,如果碰到这种情况,应将定位焊缝磨低,两端磨成斜坡状,使焊缝接头良好过渡,以便焊接至定位焊缝处时保证焊透。

定位焊后,轻敲试板装配出反变形,并控制反变形量≤3°。为装配方便起见,可用 $\phi 4 \sim \phi 5$ mm焊条的夹持端塞入钢尺与试板表面的夹缝内,在端部刚好塞入为准,即尺寸为 4 ~ 5 mm,如图 2.10 所示。

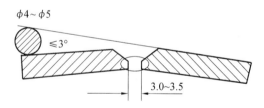

图 2.10 定位焊试板反变形示意图(mm)

2.6 焊接操作方法

2.6.1 焊接操作要领

1.总体操作要领

(1)焊接层次。

整块试板分三层焊接,分别为打底层、填充层和盖面层,每层单道焊,无须分道。

(2)运条方式及焊条倾角。

焊接过程中,每层均采用锯齿形运条方式,如图 2.11 所示。

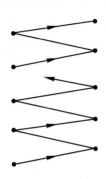

图 2.11　锯齿形运条方式示意图

每层焊接时焊条与工件倾角示意图如图 2.12 所示。

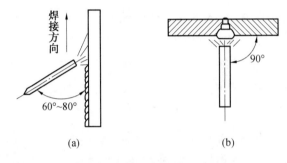

图 2.12　焊条与工件倾角示意图

2. 打底层焊接操作要领

对接打底焊需要采用单面焊双面成形技术。在施焊过程中除了严格遵守看、听、准三项要领外,更要通过及时变换焊条的角度来调整试件坡口处的热量,从而达到打底时熔孔大小一致的目的,促使背面成形美观,焊缝余高一致。在焊缝打底时常用断弧焊和连弧焊打底方法来进行操作。

(1)断弧焊打底方法。

在定位焊始焊部位引弧,先用长弧预热坡口根部,稳弧 2～3 s 后,当坡口两侧出现熔滴状时,应立即压低电弧使熔滴向母材过渡,形成一个椭圆形的熔池和熔孔,如图 2.13 所示,此时应立刻把电弧拉向坡口一侧往下断弧,熄弧动作果断;同时观察熔池金属亮度,当熔池亮度逐渐变暗,只剩中心部位一点亮时,即可在坡口中心引弧;焊条沿着已形成的熔孔边做小的横向摆动,左右击穿,完成一个三角运动动作后,再往下在坡口一侧果断灭弧,以此类推将打底层焊接完成,如图 2.13 所示。

施焊过程中注意保持熔孔大小一致,坡口两侧熔孔击穿熔透的尺寸控制在0.5～1 mm为宜。熔孔过大,背面焊缝会出现焊瘤和焊缝余高超高等缺陷;熔孔过小,会发生未焊透等缺陷,如图 2.14 所示。

更换焊条时,处理好熄弧再引弧动作。当焊条长度还剩 50 mm 左右时就应有熄弧前

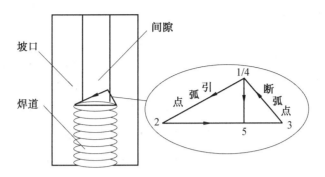

图 2.13　断弧焊焊条摆动路线示意图

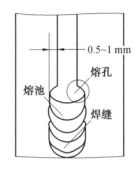

图 2.14　熔池熔孔示意图

的准备,熄弧前在坡口中心熔池中多给一两滴铁水,再将焊条摆到坡口一侧后断弧,这样既可以延长熔池的冷却时间又增加了原熔池处的焊肉厚度,避免缩孔的产生;另外,更换焊条的速度要快,引弧点应在坡口一侧上方距离熔孔接头部位 20 ~ 30 mm 处,用稍长电弧预热、稳弧并做横向往上小摆动,左右击穿,将电弧摆到熔孔处电弧向后压,听到噗噗声,并看到熔孔处熔合良好,果断向坡口一侧往下断弧,恢复前述断弧焊方法,直至打底完成。完成打底后的焊缝如图 2.15 所示。

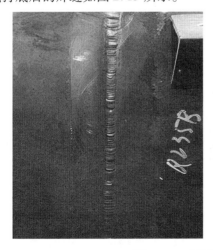

图 2.15　对接断弧焊打底图

（2）连弧焊打底方法。

①引弧方法。

在定位焊道端部用划擦法将电弧引燃,引弧后稍作停留预热 1~2 s,然后做横向锯齿形摆动向前运条,焊条下倾角为 60°~70°,待电弧燃至定位焊道前端时,焊条下倾角变大为 60°~80°,同时下压电弧,当电弧击穿试件背部,坡口底边熔化 2 mm 左右形成熔孔时,焊条下倾角变回原来位置,同时电弧稍微提起,此时可以看到形成的第一个熔孔,坡口根部的钝边达到熔化状态形成熔孔,并可听到背面电弧噗噗的穿透声。熔孔的大小以保持坡口根部边缘每侧熔化 0.5~1 mm 为宜,如图 2.16 所示。

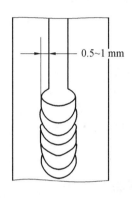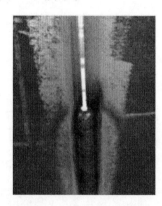

0.5~1 mm

图 2.16　坡口根部边缘每侧熔化尺寸示意图

值得注意的是,熔孔的大小直接影响背面焊缝的成形,立焊的熔孔比平焊的熔孔大,焊接时控制同样大小的熔孔和熔池形状。按锯齿形短电弧连弧的向上运条,这时焊条末端离坡口底边约 1.5 mm,电弧 1/2 在背面燃烧,如果发现熔孔增大时,可将焊条稍微提起,同时减小焊条的下倾角;反之,则压低电弧增大焊条的下倾角。焊接时只要始终保持同样的熔孔尺寸和熔池形状,就能获得美观的根部焊道。

②操作方法。

操作过程中采用锯齿形运条法,摆动至两边应稍作停留,过中间稍快一些,随时观察熔池出现熔孔的形状大小。若在运条时发现熔孔不明显,应减小摆动角度,压低电弧,并在中间稍加停顿,以避免产生未焊透;如发现熔池前端熔孔明显增大,铁水有下坠现象,表明熔池温度过高,此时容易产生焊穿及背面成形过高现象。因此,电弧应在两边停留时间稍长一些,过中间更快一些,目的是使热量分散至两坡口,使熔池的温度降低,恢复正常熔孔,避免烧穿和背后成形过高等缺陷。

③收弧方法。

根部焊道更换焊条停弧后,为了避免产生缩孔、弧坑裂纹等缺陷,将焊条下压使熔孔稍微增大后慢慢向后方一侧带弧 10 mm 左右再熄弧,使其形成斜坡形,为下次焊条的引弧奠定良好的接头基础,同时也可以将冷缩孔带到正面,以便于熔化掉,否则会在背面形成缺陷,示意图如图 2.17 所示。

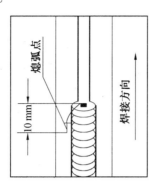

图 2.17　收弧方法示意图

④接头方法。

接头采用冷接法。先将收弧处磨出圆滑过渡的斜坡状并检查是否清除缩孔、裂纹等缺陷。接头时,在上斜坡口 10 mm 处引弧,并压低电弧引至弧坑一侧进行预热,然后横向摆动到另一侧坡口稍作停留后将电弧引至弧坑中心,焊条下压往坡口根部推送稍作停留并稍加摆动,形成熔孔当听到噗噗声后,将焊条稍微提起按上述正常短弧操作焊接,如图 2.18 所示。

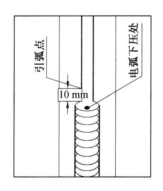

图 2.18　打底层接头方法示意图

(3)接头控制。

在根部焊道焊接过程中,接头是关键,要想得到良好的接头必须要掌握以下两点。

①焊条更换速度要快,即收弧时熔池还未完全冷却就立即引弧焊接,这样的接头熔合得像连续焊接接头一样。

②通过练习掌握好电弧下压时间,时间过长会使接头过高或形成焊瘤;反之,时间过短会使接头脱节或形成内凹。因此根据收弧时根部焊道的高度来选择接头时电弧下压的时间。

(4)打底层焊完后,应将接头处多余的金属磨掉,熔渣清理干净。

3.填充层焊道操作要领

（1）填充焊道。

填充层焊道焊接时在距离焊缝始端前 20 mm 处引弧,将电弧拉回到始焊端施焊,每次接头时也按此方法操作,以防止接头处产生缺陷。采用锯齿形横向摆动,在坡口两侧稍作停留并往后带一下焊条,以保证熔池及坡口两侧温度均衡,利于良好的熔合及排渣,防止焊缝两边产生死角。焊条下倾角为 70°～80°,填充焊道完成后的焊缝高度应距离母材表面 1～1.5 mm,如图 2.19 所示。

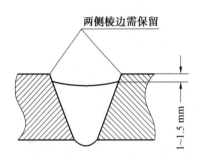
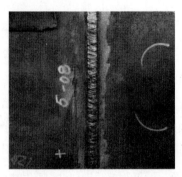

图 2.19　第一层填充焊道图

接头处的引弧方法如下。

引弧时,应采用划擦法,引弧点应在原弧坑前约 20 mm 处(图 2.20),待电弧引燃后,立即压低电弧,短弧操作,并引向焊缝起点进行施焊,这样既可以避免在焊缝起焊点产生气孔,又可以经再次熔化引弧点,将已产生的气孔消除。

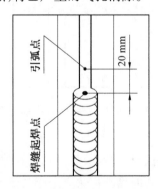

图 2.20　接头处的引弧方法示意图

（2）焊接过程中,做锯齿形的横向摆动,摆动至两侧坡口处时,要稍作停留,从而使焊道与两侧坡口面交界处熔合好。

（3）熔池应控制成椭圆形,熔池表面要略微下凹。

（4）每层焊后应将熔渣及飞溅清除干净。

（5）盖面前一层焊缝填充高度的控制及形状图如图 2.21 所示,操作要领如下。

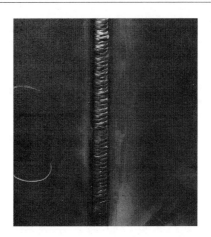

图 2.21　盖面前一层焊缝填充高度的控制及形状图

①盖面前一层焊后剩余深度保持在 1～1.5 mm。

②焊缝与两侧坡口应圆滑过渡。

③坡口边缘线应保持原状,避免被烧熔。

4. 盖面层焊道操作要领

盖面层焊道的引弧、接头、运条方法和焊条角度等都与填充层相同,为了避免接头脱节、高低差超标、宽度差超标和接头错位,应按本节阐述的方法进行操作。

(1)接头控制。

盖面层接头时要特别注意收弧与接头处,使接头圆滑过渡,接头引弧方法与填充层相同。电弧引燃后立即压低电弧,短弧操作并引向焊缝起点,即弧坑轮廓线的顶点,摆动由窄到宽,使焊缝与弧坑轮廓线吻合,当摆动宽度达到正常焊缝宽度时,即刻保持正常焊接,如图 2.22 所示,特别注意接头动作稍快,以避免接头处过高。

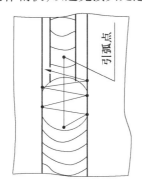

图 2.22　打底、填充和盖面焊接

(2)焊接过程。

焊接过程中,以短弧操作均匀做锯齿形摆动,摆动至两侧坡口的边缘处应稍作停留,观察熔池金属将边缘完全熔合 1～2 mm 后,再横向摆动至另一侧。熔池呈椭圆形,保持熔池的形状大小均匀一致,熔渣既要紧跟熔池,又要与铁水分开,使熔池始终保持清晰明亮。横向摆动的频率比平焊稍快,始终注意边缘熔合好,前进的速度均匀一致,使焊缝表面高低平整,如图2.23所示。

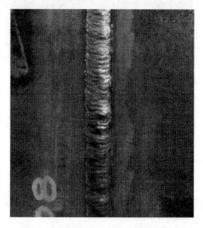

图2.23 盖面层焊缝实物图

2.6.2 焊接实操参数及焊道记录

板对接焊接实操参数及焊道记录见表2.2。

表2.2 板对接焊接实操参数及焊道记录表

焊接参数	定位焊	打底层	填充层	盖面层
焊接层次	—	1-1	2-1	3-1
焊接电流/A	100	95	110	105
电弧电压/V	23	22~26	22~26	22~26
层道间温度/℃	20 20 20	35 35 35	116 156 206	112 127 134
焊接时间/s	—	1 020	480	480
焊缝长度/mm	15	300	300	300
焊接速度/(mm·s^{-1})	—	0.294	0.625	0.625
焊条直径/mm	ϕ3.2	ϕ3.2	ϕ3.2	ϕ3.2
焊接层道示意图				

续表 2.2

焊接参数	定位焊	打底层	填充层	盖面层
实物照片				
设备板面照片				
焊接焊缝用时	约 58 min(含层温控制)			

2.6.3　考试过程控制要求

（1）操作考试只能由一名焊接人员在规定的试件上进行。

（2）考试试件的坡口表面和坡口两侧各 25 mm 范围内应当清理干净,去除铁屑、氧化皮、油、锈和污垢等杂物。

（3）考试前,应在监考人员与焊接人员共同在场确认的情况下,在试件上标注焊接人员考试编号。

（4）定位焊缝使用的焊材及工艺参数与打底焊相同。

（5）考试时,第一层焊缝中至少应有一个停弧再焊接头。

（6）考试时,不允许采用刚性固定,但允许组对时给试件预留反变形量。

（7）试件开始焊接后,焊接位置不得改变,角度偏差应当在试件规定位置±5°范围内。

（8）考试时,不得更换母材牌号和焊材型号的规格尺寸。

（9）操作考试板对接试件数量为 1 副(1 条焊缝),不允许多焊试件从中挑选。

（10）考试时,不得故意遮挡监控探头。

（11）板对接试件的焊接时间不得超过 90 min。

（12）考试时间指考试施焊时间,不包括考前试件打磨、组装和点固焊时间。

（13）考评员负责过程控制评价,详见表 2.3 民用核安全设备焊接人员操作考试过程控制表,过程评价合格后,考试试件方可开展无损检验评价。

表 2.3 民用核安全设备焊接人员操作考试过程控制表

试件编号：

序号	监查内容	过程控制监查项目	过程控制结果	扣分
1	母材、焊材	是否进行母材自查	□是 □否	
		是否进行焊材自查	□是 □否	
		装配后，母材牌号和规格尺寸使用错误	□否决	
		开焊后，焊材型号和规格尺寸使用错误	□否决	
2	设备、仪器、仪表、气体	是否进行标定标签核对	□是 □否	
		是否进行设备调试	□是 □否	
		是否进行仪器仪表检查，是否正确安装气体流量计	□是 □否	
		是否检查气体，是否固定气瓶	□是 □否	
3	试件装配	是否按焊接工艺文件要求进行装配	□是 □否	
4	施焊过程	开焊后，试件点固焊接位置错误，试件位置错误或违规变更试件位置	□否决	
		手工焊时试件进行刚性固定	□否决	
		手工焊打底焊道停弧再接头未控制	□否决	
		自动焊或机械化焊接任一焊道出现停弧	□否决	
		打底层和中间焊焊道违规修磨和打磨，最后一层焊缝打磨、返修（最终焊缝非原始状态）	□否决	
		故意遮挡监控探头	□否决	
		焊接参数与焊接工艺规程不符	□否决	
5	焊件处理	是否清理飞溅，标识是否正确、清晰	□是 □否	
		是否进行焊件封存	□是 □否	
6	工位整理	是否关闭电、气源，整理焊接把线、焊枪	□是 □否	
		是否清理卫生	□是 □否	
7	考试纪律	是否正确使用焊条/丝（头）筒，进行焊材退库	□是 □否	
		离开本人工位或进入他人工位是否请示	□是 □否	
		是否在工位内抽烟、吃东西、使用手机等	□是 □否	

续表2.3

序号	监查内容	过程控制监查项目	过程控制结果	扣分
8	安全事项	是否正确穿戴使用防护用品	□是□否	
		是否遵守设备使用规定	□是□否	
		试件固定是否牢靠,打磨方向是否安全	□是□否	
9	其他	其他严重违反考试规定或考试纪律的行为	□否决	
考试用时			考试用时是否符合要求	□是 □否
过程考核结论			合格□　　不合格□	
考评员			日期	
高级考评员			日期	

说明:

①实行扣分制,总分100分,每产生一个"否"项,扣2分,每项不重复扣分。

②产生"否决"项,监查结论为不符合过程控制要求。

③过程控制结果无"否决"项,且得分≥90分,监查结论为合格。

④过程控制结果无"否决"项,但得分<90分,监查结论为不合格。

2.7　焊后检查

试件焊接完成后需要进行目视检验(VT)、渗透检验(PT)和射线检验(RT),试件目视检验(VT)合格后,方可进行其他无损检验项目。三个检验项目均合格,此项考试为合格。

焊后检查应按《民用核安全设备焊接人员操作考试技术要求(试行)》国核安发[2019]238号文进行检查。检测人员的资格应符合《民用核安全设备无损检验人员管理规定》的规定。

操作考试试件的检验项目和试样数量见表2.4,表中目视检验试件数量即考试试件数量。

表2.4　试件的检验项目和试样数量

试件形式		试件形状尺寸/mm		检验项目/件		
		厚度	管外径	目视检验	渗透检验	射线检验
对接接头	板对接	—	—	1	1	1

2.7.1 目视检验

1. 目视检验要求

（1）试件的目视检验按照《核电厂核岛机械设备无损检测》（NB/T 20003）要求的条件和方法进行。

（2）考试试件的目视检验设备和器材一般包括焊接检验尺、直尺、坡度仪、放大镜（放大倍数不超过6倍）、照度计、18%中性灰卡、白炽灯、强光灯和专用工具等。

（3）用于考试试件目视检验的焊接检验尺、直尺和照度计应每年检定一次。

（4）考试试件的焊缝目视检验一般在焊后（焊接完成冷却至室温后）进行，检验区域为考试试件焊缝及焊缝两侧各25 mm宽的区域，手工焊板对接试件两端20 mm内的区域不进行检验。

（5）试件焊缝的外观检验应符合要求：焊缝表面是焊后原始状态，不允许加工修磨或返修。

（6）背面焊缝的凸起应不大于3 mm。

（7）焊缝外形尺寸应符合表2.5的要求。

表2.5　焊缝外形尺寸要求　　　　　　　mm

焊缝余高	焊缝余高差	焊缝宽度	
		比坡口每侧增宽	宽度差
0~4	≤3	0.5~2.5	≤3

（8）焊缝表面不得有裂纹、未熔合、夹渣、气孔、焊瘤和未焊透。

（9）焊缝表面咬边和背面凹坑尺寸应符合表2.6的要求。

表2.6　焊缝表面咬边和背面凹坑尺寸要求

缺陷名称	允许的最大尺寸
咬边	深度≤0.5 mm；焊缝两侧咬边总长度不得超过焊缝长度的10%
背面凹坑	管对接试件，深度≤0.5 mm；管板角接试件，深度≤1 mm；总长度不得超过焊缝长度的10%

（10）板对接试件的错边量不得大于1.2 mm。

（11）所有试件外观检验的结果均符合上述各项要求，该项试件的外观检验为合格，否则为不合格。

2. 目视检测操作方法

焊后外观检查包括焊缝余高、焊缝余高差和焊缝宽度差等检查。

（1）焊缝余高和焊缝余高差。

①焊缝余高是指超出表面焊趾连线上的部分焊缝金属的高度(H)，如图 2.24 所示。

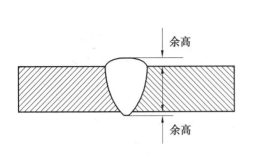

图 2.24　焊缝余高示意图

②焊缝余高差一般是指焊缝上余高的高低度之差(焊缝余高差 $=H_1-H_2$)，如图2.25所示。

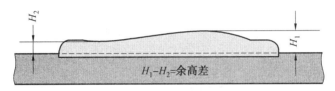

图 2.25　焊缝余高差示意图

（2）焊缝宽度差。

①焊缝宽度。单道焊缝横截面中，两焊趾之间的距离称为焊缝宽度，如图 2.26 所示。

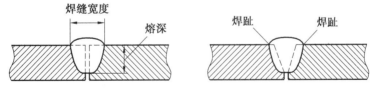

图 2.26　焊缝宽度示意图

②焊趾。焊缝表面与母材的交界处称为焊趾。

③熔深。在焊接接头横截面上，母材熔化的深度称为熔深。

④宽度差。一般是指焊缝宽度最大值和最小值之差(宽度差 $=B_1-B_2$)，如图 2.27 所示。

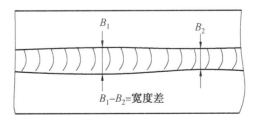

图 2.27　焊缝宽度差示意图

（3）比坡口每侧增宽。

比坡口每侧增宽是指焊缝界面中，将母材熔化并熔入焊缝的宽度 = 50 - (49.5 ~ 47.5) = 0.5 ~ 2.5，如图 2.28 所示。

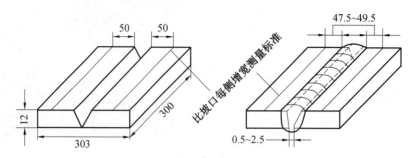

图 2.28　比坡口每侧增宽示意图(mm)

（4）变形角度。

变形角度示意图如图 2.29 所示，图中 T 为材料厚度。

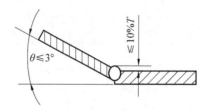

图 2.29　变形角度示意图

（5）错边量。

错边量示意图如图 2.30 所示。

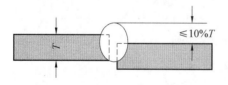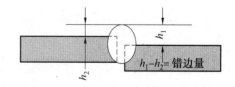

图 2.30　错边量示意图

3. 目视检验工艺卡

目视检验工艺卡见表 2.7。

表 2.7　目视检验工艺卡

民用核安全设备 焊接人员操作考试		目视检验工艺卡		编号:VT-01
适用的焊接方法及试件形式		焊条电弧焊(手工,SMAW)——板对接(单面焊双面成形)		
检测时机	焊后冷却至室温	检验区域	焊缝及焊缝两侧各 25 mm 宽的区域	检测比例	100%
检验类别	VT-1	检验方法	直接目视	被检表面状态	焊后原始状态
分辨率试片	18% 中性灰卡	分辨率	≤0.8 mm 黑线	表面清理方法	擦拭
测量器具	焊检尺、直尺	器具型号	40 型/60 型/ MG-8 等	照明方式	自然光/人工照明
照明器材	手电筒/强光灯	表面照度	540 ~ 2500 lx	检测人员资格	Ⅱ级或Ⅱ级 以上人员
检验规程	HGKS-VT-01-2020	验收标准	国核安发〔2019〕238 号 5.2 条款		

检测步骤及技术要求。

①试件确认。核对并记录试件编号、测量试件尺寸和记录试件规格等。

②表面清理。用布擦拭被检表面。

③照度测量。用照度计测量环境照度,要求有充足的自然照明或人工照明,应无闪光、遮光或炫光。

④灵敏度测试。将 18% 中性灰卡置于被检表面,在符合要求的照度前提下,能分辨出灰卡上一条 0.8 mm 宽的黑线。

⑤焊缝尺寸测量。利用焊接检验尺测量焊缝余高和宽度的最大值和最小值,但不取平均值,背面焊缝宽度可不测量,背面焊缝余高利用专用工具只测量其最大值。

⑥被检表面缺陷检查。

检查焊缝表面是否有裂纹、未熔合、夹渣、气孔、焊瘤、未焊透、咬边和背面凹坑等表面缺陷。背面凹坑应测量其深度和长度,深度利用专用工具只测量其最大值。

检查时眼睛与被检面夹角不小于30°,眼睛与受检面距离≤600 mm。

辅助工具包括专用工具、6 倍以下放大镜、直尺、毛刷和记号笔等。

⑦记录。适时记录检验参数。

⑧后处理。检验完毕,清点器材,试件归位。

⑨评定与报告。根据国核安发〔2019〕238 号 5.2 条款规定做出合格与否结论,出具目视检验报告。

编制/日期:	级别:	审核/日期:	级别:

4. 目视检验报告

民用核安全设备焊接人员操作考试目视检验报告见表2.8。

表 2.8 民用核安全设备焊接人员操作考试目视检验报告

民用核安全设备 焊接人员操作考试		目视检验报告		报告编号： 共　页　第　页	
委托单号	—	试件名称	考试试件	试件编号	A01
试件形式	板对接	试件规格	300 mm× 125 mm×δ12 mm	材质	Q345R
焊接方法	SMAW	焊接位置	PF	坡口形式	V 形
被检表面状态	焊后原始状态	表面清理方法	擦拭	检验类别	VT-1
检验方法	直接目视	检验时机	焊后冷却至室温	检验区域	焊缝及焊缝 两侧各 25 mm 宽的 区域
检验比例	100%	检验器具	焊检尺、直尺	器具型号	HJC60 型
分辨率试片	18% 中性灰卡	分辨率	≤0.8 mm 黑线	照明方式	人工照明
表面照度	540 ~ 2 500 lx	检验规程 及版本	HGKS-VT- 01-2020	考试标准 及版本	国核安发 〔2019〕238 号 5.2 条款
焊缝余高	1.6 mm　2.9 mm		裂纹	无	
焊缝余高差	1.3 mm		未熔合	无	
焊缝宽度	15 ~ 17 mm		夹渣	无	
宽度差	2 mm		气孔	无	
比坡口每侧增宽	1.0 ~ 2.0 mm		焊瘤	无	
焊缝边缘直线度	1.0 mm		未焊透	无	
背面焊缝余高	0.5 ~ 1.5 mm		咬边	≤0.5 mm L(焊缝长度) = 15 mm	
背面焊缝余高差	1.0		背面凹坑	≤0.5 mm L(焊缝长度) = 3 mm	
双面焊 背面焊缝宽度	—		变形角度	0.5°	
双面焊 背面焊缝宽度差	—		错边量	无	
角焊缝焊脚尺寸	—		角焊缝凹凸度	—	
检验结果		合格〔　〕		不合格〔　〕	
检验者 / 日期：		级别：		审核者 / 日期：	级别：
批准者 / 日期：					

2.7.2　渗透检验

1. 渗透检验要求

（1）试件的渗透检验应按照《核电厂核岛机械设备无损检测》（NB/T 20003.4）的要求进行，焊缝质量应符合Ⅰ级焊缝的检验要求。

（2）执行渗透检验人员应经培训考核并按《民用核安全设备无损检验人员管理规定》（HAF602）取得民用核安全设备渗透检验资格证书。渗透检验人员应从事与该资格等级相应的渗透检验工作，并承担相应的技术责任。

（3）检验的材料为铁素体钢、奥氏体不锈钢及经批准确定的其他材料。

（4）渗透检验试剂应配套使用，不同厂家、不同牌号的渗透检验试剂不得混用。所使用的渗透检验材料灵敏度至少符合 GB/T 18851.2 规定的Ⅱ级水平。

（5）清洗剂和水。

①液体溶剂丙酮或乙醇，仅用于预清洗和后清洗。

②用于去除多余渗透剂的溶剂或水允许的有害元素最大浓度如下。

a. 氯和氟总质量浓度不大于 200 mg/L。

b. 硫质量浓度不大于 200 mg/L。

（6）显像剂。

显像剂中允许的有害元素最大浓度如下。

①氟和氯总质量浓度不大于 200 mg/L。

②硫质量浓度不大于 200 mg/L。

（7）可使用刷子或喷罐施加试剂，采用 B 型镀铬标准试块。

（8）辅助设备。

①照度计。照度计用于测量白光照度，并应每年检定（或校准）一次。仪器修理后重新检定。

②测温装置。用于测量被检件表面温度，并应每年检定（或校准）一次。仪器修理后重新检定。

2. 渗透检验操作方法

（1）表面准备。

表面清洁区域应包含被检表面及其周围至少 25 mm 的相邻区域。

①一般来说，保持试件机加工及焊接后状态就可以得到满意的表面条件。若表面高低不平，有可能遮盖某些不允许的缺陷，则可以采用抛光方法制备表面。

②渗透检验前，受检表面及相邻至少 25 mm 的区域应是干燥的，且不应有任何可能堵塞表面开口或干扰检验进行的污垢、油脂、纤维屑、锈皮、焊渣、焊接飞溅物以及其他外来物质。

③可采用去污剂、有机溶剂、除锈剂和除漆剂等清洁受检表面。

④渗透检验前,不应进行喷砂或喷丸处理。

(2)检验时机与范围。

①检验时机。考试试件的渗透检验应在焊接完成、目视检验合格后进行。

②检验范围。考试试件焊缝距坡口边缘至少 5 mm 范围内的母材区域,这些检验应在焊缝外表面和能实施的内表面上进行,检验具体范围见表2.9。

表 2.9　考试试件焊缝检验范围

焊接方法	试件形式	焊缝①
焊条电弧焊(手工,SMAW)	板对接	2 面焊缝

注:① 1 面:板上表面,管外表面;2 面:板上下表面,管内外表面。

(3)工件表面温度。

渗透检验时,工件表面温度应控制在 10~50 ℃温度范围内。

(4)预清洗及干燥。

①预清洗。应使用渗透检验要求中第 5 条所述溶剂或去除剂清洗受检表面。

②预清洗后干燥。预清洗后采用自然蒸发、擦拭或通风进行干燥。

(5)灵敏度试验。

①渗透检验时,应使用 B 型镀铬标准试块校验渗透检验系统灵敏度及操作工艺正确性,试块上 3 个辐射状裂纹均应清晰显示。

②灵敏度试验可与对被检工件施加渗透剂的工艺同时进行,若 B 型镀铬标准试块 3 个辐射状裂纹不能清晰显示,则渗透检验应视为无效,待灵敏度试验合格后检验。

(6)施加渗透剂。

①采用刷涂或喷罐喷涂,应能使渗透剂均匀覆盖整个受检表面。

②渗透剂停留时间至少为 10 min。

③被检表面上的渗透剂薄膜在整个渗透时间内应保持湿润状态。

④除受检部位以外的表面应尽可能避免沾染上渗透剂。

(7)去除多余渗透剂。

多余渗透剂应完全去除干净,但应防止过清洗。

①对于水洗型渗透剂,可用干燥、干净、不脱毛的布或吸湿纸擦拭,也可用水冲洗,但应注意以下几点。

a. 水压不应超过 345 kPa。

b. 水枪口与受检面距离应控制在 200~300 mm 之间。

c. 水温不应超过 40 ℃。

d. 水洗过程中,尽可能缩短受检表面与水接触时间。

②对于溶剂去除型渗透剂,可用干燥、洁净、不脱毛的布或吸湿纸擦拭。

(8)干燥。

①对于水洗型渗透剂干燥,可使用清洁的吸水材料将表面吸干,或采用循环热风吹干,但被检表面温度不应超过 50 ℃;对于溶剂去除型渗透剂干燥,可采用自然蒸发、擦拭或强制通风等方法干燥表面。

②为防止过分干燥或干燥时间过长,造成缺陷中的渗透剂挥发,应注意干燥时间和受检面上的干燥情况。当受检表面湿润状态一消失,即表明显像所需的干燥度已达到。

(9)显像。

①施加显像剂。

当之前所述干燥度一旦达到,应立即施加显像剂。

采用喷罐喷涂,应能保证整个受检区域完全被一均匀薄层显像剂覆盖。为获得均匀的显像剂薄层,施加显像剂之前,应晃动喷罐,使罐内显像剂粉末呈完全悬浮状态。

②显像后干燥。

自然蒸发;也可用无油、洁净、干燥的压缩空气吹干。

(10)观察。

①观察应在显像剂干燥过程中显示刚开始出现时就进行,注意显示的变化。

②观察应在受检面上可见光(自然光或灯光)照度不低于 500 lx 的条件下进行。

注:照明灯光不应直照观察者眼睛;观察和评定时可以使用倍数不大于 10 倍放大镜。

③随着显像时间的延长,显示出来的点状或线状显示会被放大,红色显示的直径、宽度和色彩深度能提供有用的信息;另外,显示出现的速度、形状和尺寸,在缺陷定性中也能提供有用的信息。

④如出现背景过深而影响观察,则该区域应重新检验。重新检验时,必须对受检表面进行彻底清洗,以去除前次检验留下的所有痕迹,然后用同样的渗透材料重复液体渗透检验的全过程。

清洗时应特别注意,因为前一次检验后,有可能存在有渗透剂残留在缺陷中,重新检验时,会影响新的渗透剂进入。

3. 显示评定与验收标准

(1)显示评定。

①显示评定应在显像剂干燥后进行,一般不少于 7 min,但最长时间不应超过 60 min。

②显示分类。

显示分为线性显示和圆形显示。线性显示是指长度宽度之比大于 3 的显示;圆形显示是指除线性显示外的其他所有显示。

注:根据观察中的①条和②条,随着显像时间的延长,某些较细小的线形显示最终由于放大转变为圆形显示,对于此类显示,应作为线形显示评判。

（2）验收标准。

应按下列要求验收。

①记录标准。尺寸大于 2 mm 的相关显示应予记录；任何一组排列紧密且分布长度超过 20 mm 的显示群，即使其中的显示尺寸小于记录阈值，也应进一步分析确定其性质。

②下列相关显示应予拒收。

线性显示；尺寸大于 4 mm 的圆形显示；在同一直线上有 3 个或 3 个以上显示，且其间距小于 3 mm；在缺陷显示最严重的区域内，任意 100 cm^2 矩形区域（最大边长不超过 20 cm）内，有 5 个或 5 个以上显示。

4. 后清洗

检验完成之后，应立即彻底去除检验中余留在受检件上的渗透检验试剂，并干燥受检件。

5. 渗透检验工艺卡

渗透检验工艺卡见表 2.10。

表 2.10　渗透检验工艺卡

民用核安全设备焊接人员操作考试		渗透检验工艺卡				编号：PT-01	
试件名称	板对接试件	材质	Q345R	规格	见注	试件形式	—
面要求	焊态	检验部位	焊缝及热影响区	检验比例	100%	焊接方法	见注
检验时机	焊后	检验方法	ⅡA-d□ ⅡC-d□	检验温度	10～50 ℃	标准试块	B 型镀铬
渗透剂		去除剂	水□溶剂□	显像剂		观察方法	目视
渗透时间	10 min	干燥时间	自然干燥	显像时间	≥7 min	可见光	≥500 lx
渗透剂施加方法	刷或喷	去除剂施加方法	吸干□ 擦拭□	显像剂施加方法	喷	检验规程	
水温	≤40 ℃（水洗型时）	水压	≤345 kPa（水洗型时）	验收标准		第 2 条	

续表 2.10

民用核安全设备 焊接人员操作考试	渗透检验工艺卡	编号:PT-01

检验部位示意图:

注:适用的焊接方法及试件形式

(1)焊条电弧焊 SMAW   δ12 mm   □

(2)钨极惰性气体保护电弧焊

（自动及机械化)GTAW-A 或 GTAW-M

       δ12 mm   □

(3)熔化极气体保护电弧焊 GMAW

       δ12 mm   □

(4)埋弧焊 SAW   δ16 mm   □

横截面 —— 基准线

序号	工序名称	操作要求及主要工艺参数
1	表面准备	使用钢丝盘磨光机打磨去除两侧 25 mm 范围内焊渣、飞溅及焊缝表面不平的被检面
2	预清洗	用清洗剂将被检面清洗干净
3	干燥	自然干燥
4	渗透	刷或喷施加渗透剂,使之覆盖整个被检表面,在整个渗透时间内保持润湿,渗透时间不少于 10 min
5	去除	对于水洗型渗透剂,可用干燥、干净、不脱毛的布或吸湿纸擦拭,也可用水冲洗,多余渗透剂应完全去除干净,但应防止过清洗;对于溶剂去除型渗透剂,可用干燥、洁净、不脱毛的布或吸湿纸擦拭受检表面,去除大部分的多余渗透剂,然后用蘸有溶剂的不脱毛布或湿纸轻擦表面
6	干燥	当受检表面湿润状态一消失,即表明显像所需的干燥度已达到
7	显像	喷罐喷涂,保证整个受检区域完全被一均匀薄层显像剂覆盖。显像时间不少于 7 min
8	观察	显像剂施加后 7 ~ 60 min 内进行观察,被检面处白光照度应≥500 lx,必要时可用 5 ~ 10 倍放大镜进行观察
9	复验	重新检验时,必须对受检表面进行彻底清洗,以去除前次检验留下的所有痕迹,然后用同样的渗透材料重复液体渗透检验的全过程
10	后清洗	检验完成之后,应立即彻底去除检验中余留在受检件上的渗透检验试剂,并干燥受检件
11	评定与验收	按 2.7.2 节进行评定与验收
12	报告	按 2.7.2 节出具报告
备注		

编制/日期: 级别: 审核/日期: 级别:

6. 渗透检验报告

民用核安全设备焊接人员操作考试渗透检验报告见表2.11。

表 2.11 民用核安全设备焊接人员操作考试渗透检验报告

民用核安全设备焊接人员操作考试渗透检测报告				报告编号：	
委托单位			被检件材质		
检验部位/比例		焊接方法		检验编号	
检验时机		坡口形式		检验规程/版本	

试剂	名称	类别	商标	牌号	批号
	渗透剂	着色			
	清洗剂	水洗□ 溶剂型 □			
	显像剂	湿显像剂			

工具	名称	商标	型号	编号
	温度计			
	照度计			

检验条件	表面状态	粗糙□　打磨□　机加　□　钢刷□　抛光□		
		受检件温度：_____℃		
	预清洗	已做 □　　未做 □	清洗剂：_____ □	
		干燥方法：自然蒸发　□	干燥时间：____分钟	
	渗透剂施加	施加方法：刷涂 □　喷涂□	渗透时间：____分钟	
	去除	方法：水洗 □　溶剂 □　不起毛布条或纸擦去 □　其他□		
		干燥方法：　自然蒸发 □		
	显像剂施加	方法：　喷涂□　刷涂 □		
		干燥方法：自然蒸发 □　评定时间：____分钟		
	照明	自然光 □　人工照明□　光照度：____lx		

检验部位示意图：

缺陷描述：

 1. 圆形缺陷_____处,最大缺陷尺寸 _____；

 2. 线形缺陷_____处,最大缺陷尺寸 _____；

 3. 危害性缺陷_____处,最大缺陷尺寸 _____,缺陷性质为_____。

 4. 有无横向缺陷:有□　　无□

结论：	合格□	不合格□	共发现缺陷_____处	
检验者/日期：	级别：	审核/日期：	级别：	
批准者/日期：				

2.7.3　射线检验

1. 射线检验要求

（1）设备和器材及其选用。

①射线源。

下列射线源均可使用。

a. X 射线:X 光机,其最大电压不得超过图 2.31 所示的规定,对于被检区内厚度变化较大的工件(如余高较大、小径管焊缝等),透照时可使用稍高于图 2.31 所示的管电压,但最大允许提高 50 kV。

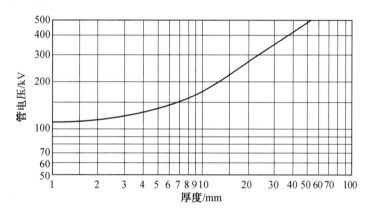

图 2.31　不同透照厚度钢允许的 X 射线最高透照管电压

b. γ 射线:Se75,其透照厚度≤40 mm。

c. γ 射线:Ir192,其透照厚度范围为 10 ~ 90 mm。

注:只有按照本规程工艺卡执行时,Ir192 的透照厚度范围下限才可降低为 10 mm。

采用 γ 射线检测时,总曝光时间应不少于输送源往返所需时间的 10 倍。

②胶片。

胶片系统分为 6 个等级:C1 ~ C6。胶片应在制造商规定的有效期内使用,且至少每六个月测试一次灰雾度,灰雾度不得超过 0.3。

采用 X 射线检测时,应使用 C4 及以上的胶片;采用 γ 射线时,应使用 C2 及以上的胶片。

本规程应使用双片透照技术,即在暗盒中装有两张分类等级相同或相近的胶片。

③增感屏。

应使用铅增感屏,并根据表 2.12 的要求选用。

表 2.12　增感屏的选用

射线源	前屏厚度/mm	后屏厚度/mm
X 射线(100~500 kV)	0.05~0.15	0.05~0.20
Se75、Ir192	0.20~0.25	0.20~0.25

④滤光板。

采用 γ 射线检测时,必须使用铅制滤光板,滤光板的厚度为 0.5 mm,并在一角上钻有 1 个直径为 3 mm 的孔,射线检测时,滤光板置于被检件和暗盒之间,也可装在暗盒内靠近射线源一侧;采用 X 射线检测时,不强制使用滤光板。

⑤遮挡板。

遮挡板由一层或多层铅板组成,它紧贴于暗盒后部(也可位于暗盒内后增感屏之后),其厚度至少为 2 mm。

⑥像质计。

应选用 JB/T 7902 标准规定的 Fe 基线型像质计,并根据透照方式和工件厚度按表 2.13的要求选用。

表 2.13　透照方式规定

序号	试件规格/mm	放射源种类	透照方式	像质计位置	灵敏度丝号/丝径	工艺卡
1	$L300×T12$	X 射线	单壁透照	射源侧	13/0.2 mm	表 2.16

⑦黑度计。

应采用校准合格的黑度计测试底片的黑度值,其可测的最大黑度值应不小于 4.5。

黑度计首次使用、维修后及此后每 6 个月至少采用标准黑度片校验一次,并出具校验报告。这种校验应在 0~4.3 的黑度范围选择至少 8 个分布均匀的阶梯黑度区,所测得的黑度偏离值应在 0.1 之内。

此外,在每班工作开始、连续使用 8 h 后和测量光圈改变时,都应进行验证,验证读数不需要记录。

⑧标准黑度片。

标准黑度片应至少有 8 个阶梯黑度区,任意相邻黑度区的黑度值之差应基本相同,最小黑度区的黑度值应不超过 0.5,最大黑度区的黑度值至少应为 4.0。标准黑度片应至少每两年校准一次。

⑨观片灯。

观片灯的最大亮度应符合评片的规定要求,如果待评底片小于观片窗口或包含低黑度区域时,应采用遮光板将多余的光线遮掉。

⑩显影液和定影液。

显影液和定影液应使用与胶片相同制造厂家生产的药液,应在其有效期内使用。

2. 射线检验操作方法

(1)表面制备。

可采用适合方法修整焊缝表面的高低不平,直至它们在射线底片上形成的影像不至于遮蔽任何缺陷的图像或与缺陷相混淆。

对于板/管焊接的角焊缝,应在不破坏焊缝形状和外观的前提下,尽可能将多余的管材切除。

(2)检验时机与范围。

①检验时机。

考试试件的射线检验应在焊接完成、目视检验合格后进行。

②检验范围。

检验范围包括焊缝及其两侧至少 5 mm 范围内的邻近区域,手工焊平板对接焊缝两端各 20 mm 不作为评定区域。

(3)胶片透照技术。

应使用双胶片透照技术(暗盒中装有两张同类型胶片)。

(4)几何不清晰度。

几何不清晰度应≤0.3 mm。按下式计算几何不清晰度:

$$U_g = \frac{d \times b}{F - b}$$

式中　　U_g——几何不清晰度,mm;

d——射线源焦点尺寸,mm;

b——被检工件的射线源一侧和胶片之间的距离,即管板厚度,mm;

F——焦距,mm。

射线源焦点尺寸 d 的计算方法如下。

射线源焦点按其沿射线束在胶片上投影的形状一般可划分为正方形、长方形、圆形和椭圆形四类,如图 2.32 所示。其有效焦点尺寸 d 应分别按下式计算。

正方形焦点:　　　　　　　　　$d = a$

长方形、椭圆形焦点:　　　　　$d = \frac{a + b}{2}$

圆形焦点:　　　　　　　　　　$d = d$

(5)透照方式。

①透照方式包括单壁透照法、双壁单影法和双壁双影透照法,相关试件的透照方式见表 2.13。

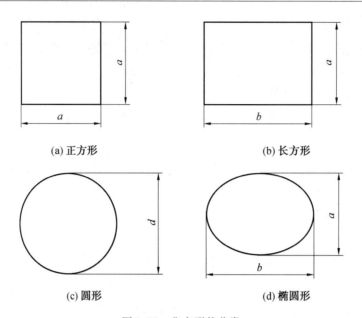

| (a) 正方形 | (b) 长方形 |
| (c) 圆形 | (d) 椭圆形 |

图 2.32　焦点形状分类

②射线源、焊缝和胶片的几何布置要求见表 2.16。

③透照布置。

板对接焊缝的透照厚度比 K 值应 ≤1.01。

像质计应放置在工件表面上被检焊缝的一端(被检区长度的 1/4 处),钢丝应横跨焊缝并与焊缝方向垂直,细丝置于外侧,同时确保至少有 10 mm 丝长显示在黑度均匀的母材区域。一般情况下,每张底片上应有一个像质计影像,但采用 γ 射线进行中心透照时,至少每隔 120°放置一个像质计。

(6)搭接标记。

应使用数字或箭头(↑)作为搭接标记,搭接标记应放在工件上,不能放在暗盒上。采用双壁单影和中心曝光时,搭接标记应放在胶片侧,其余情况搭接标记应置于射线源侧。

(7)识别标记。

在射线底片上,应至少显示公司标志、焊缝编号(或试件代号)、厚度和日期等识别标记。识别标记可以通过射线照相的方式,也可以采用曝光印刷的方式体现在底片上。在任何情况下,底片上的识别标记不得妨碍底片被检区域的评定。

(8)散射线的控制。

为了测定背散射是否到达胶片,可将一个高度不小于 13 mm 和厚度不小于 1.6 mm 的铅字 B 在曝光时贴到每个胶片暗袋的背面。如果 B 的淡色影像出现在背景较黑的射线照相底片上,即表示背散射线的屏蔽不充分,该射线底片应认为不合格;如果 B 的黑影像出现在较淡的背景上,不得作为底片不合格的原因。

（9）底片的搭接。

在保证底片黑度的前提下,采用中心曝光时允许底片存在一定的搭接现象。

（10）参考底片。

当首次使用射线检测规程时,应拍摄一套符合要求的参考底片。当下列透照技术或参数发生改变时,应重新拍摄参考底片。

①射线性质。

②透照方式。

③胶片型号。

④增感屏和滤光板类型。

⑤胶片处理方式。

参考底片可单独拍摄,也可从被检工件合格底片中选取,但在任何情况下,参考底片均应单独增加识别标记"YZ"。

（11）暗室处理。

胶片应尽量在曝光后的 8 h（不得超过 24 h）之内按照胶片供应商推荐的条件进行暗室处理,以获得选定的胶片系统性能。可采用手动或自动处理方式,当采用自动洗片机冲洗胶片,还应参照自动洗片机供应商推荐的要求进行。

处理后的底片应测试硫代硫酸盐离子的浓度,通常将经过处理的未使用过的胶片用胶片制造商推荐的溶液进行化学蚀刻,然后将得到的图像与代表各种浓度的典型图像在日光下进行肉眼对比,据此评定硫代硫酸盐离子的浓度,所测得的硫代硫酸盐离子的浓度应低于 $0.05\ \mathrm{g/m^2}$,如果测试结果大于该值,应停止暗室处理,采取纠正措施,并对所有测试不合格底片重新冲洗。上述实验应在胶片处理后的一周内进行。

3. 评定

（1）底片黑度。

采用单片观察时,底片黑度应在 2.0~4.0 之间。

采用双片观察时,双片最小黑度应为 2.7,最大黑度应为 4.5,同时每张底片相同点测量的黑度值差不得超过 0.5,评定区域内的黑度应是逐渐变化的,所有底片都应进行观察和分析。

（2）底片质量。

所有的射线底片都不得有妨碍底片评定的物理、化学或其他污损。污损包括下列各种,但并不限于以下几种。

①灰雾。

②处理时产生的缺陷,如条纹、水迹和化学污损等。

③划痕、指纹、褶皱、脏物、静电痕迹、黑点和撕裂等。

④由于增感屏上有缺陷产生的伪显示。

注：如果污损不严重，并且只影响同一个暗盒内的 1 张胶片，则不需要重新拍摄这张胶片对应的部位。

（3）底片观察方法。

除小径管焊缝、管与板角接焊缝可采用单片观察+双片观察外，所有的底片均应采用单片观察。

4. 验收标准

具有下列任何一种情况的焊接接头均为不合格。

（1）有任何裂纹、未熔合和未焊透缺陷。

（2）最大尺寸大于表 2.14 中长径规定值的任何单个圆形缺陷。

表 2.14　公称厚度与单个圆形缺陷长径的对应关系

公称厚度 t/mm	单个圆形缺陷长径/mm
$t \leqslant 4.5$	$t/3$
$4.5 < t \leqslant 6$	1.5
$6 < t \leqslant 10$	2
$10 < t \leqslant 25$	2.5

（3）在 $12t$ 或 150 mm 两值中较小的长度内，任一组长径累积尺寸大于 t 的圆形缺陷。若两个圆形缺陷间距小于其中较大者长径的 6 倍，则可将这两个圆形缺陷视作同一组圆形缺陷。

（4）最大尺寸大于表 2.15 长度规定值的任何单个条形缺陷。若两个条形缺陷间距小于其中较小缺陷尺寸的 6 倍，则应将这两个条形缺陷视作同一个缺陷，其长度为这两个条形缺陷长度之和（含间距长度）。

（5）在 $12t$ 的长度内，任一组累计长度超过 t 的条形缺陷。若两个条形的间距小于较长者的 6 倍，则应将这两个条形缺陷视作同一组条形缺陷（累计长度不包括间距）。

表 2.15　公称厚度与单个条形缺陷长度的对应关系

公称厚度 t/mm	单个条形缺陷长度/mm
$t \leqslant 6$	1.5
$6 < t \leqslant 10$	3
$10 < t \leqslant 60$	$t/3$

注：当焊缝两边母材厚度一致时，t 为母材公称厚度；当焊缝两边母材厚度不一致时，t 为较薄部分的母材公称厚度。

5. 射线检验工艺卡

射线检验工艺卡见表 2.16。

表 2.16 射线检测工艺卡

焊缝类型	板对接焊缝
工件规格	$L300 \times T12$ mm、$L400 \times T14$ mm、$L400 \times T16$ mm
检测区域	焊缝及两侧 5 mm 范围内的邻近区域
透照方式	单壁透照
射线源类型	X 射线机 $\phi2$ mm
胶片类型/数量	C1 ~ C4/2
滤光板类型及厚度	不适用
增感屏类型及厚度	前屏:铅(0.05 ~ 0.15 mm);中屏:不用或铅(2 mm×0.05 mm); 后屏:铅(0.05 ~ 0.20 mm)
像质计位置	射线源侧
像质计类型及灵敏度	Fe 10 JB,13(0.20 mm)
定位标记位置	射线源侧
几何不清晰度	≤0.3 mm
底片观察细则	单片观察
焊缝类型	板对接焊缝
底片黑度	2.0 ~ 4.0 mm
布置简图	

注:

①焦距 $F \geqslant 600$ mm。

②射线源的焦点尺寸应满足几何不清晰度的要求。

③示意图不代表单次透照的管焊缝数量,在满足本规程要求的前提下,可以采用其他透照布置图。

6. 射线检验报告

(1)民用核安全设备焊接人员操作考试射线检验报告见表 2.17。

(2)射线检验底片应和报告一起保存,保存时间不得低于 10 年。

表 2.17　民用核安全设备焊接人员操作考试射线检验报告

民用核安全设备 焊接人员操作考试		射线检验报告				报告编号：	
						页码	—
试件名称		试件编号				试件规格	
材质		焊接方法				检验规程	
检验时机		检验部位				检验比例	
设 备 器 材	射源类型		设备型号		设备编号		焦点尺寸	
	胶片牌号		胶片型号		胶片尺寸		胶片数量	
	IQI 类型	线型□	IQI 型号		最小需见 孔/丝号		IQI 位置	源侧□ 胶片侧□
	增感屏		前屏	数量	中屏	数量	后屏	数量
				厚度　mm		厚度　mm		厚度　mm
	滤光板		厚度数量		背挡板		厚度	
	黑度计 型号		黑度计 编号		阶梯黑度 底片		阶梯黑度 底片编号	
检 验 条 件	管电压	kV	管电流	mA	活度	C_i	曝光时间	s
	焦距	mm	工件至胶 片距离	mm	几何不清晰度	mm	透照张数	
	透照方式	单壁　□　内照　□　分段　□　中心　□ 双壁　□　外照　□　周向　□　偏心　□					透照次数	
胶 片 处 理	手工胶片处理□				自动胶片处理□			
	显影液		定影液		显影液		定影液	
	显影时间	min	显影温度	℃	设备厂家		设备型号	
	定影时间	min	定影温度	℃	冲洗时间	min	显定影液 温度	℃
	水洗时间	min	水洗温度	℃				
底片评定	单片评定	□	双片评定	□	单壁观察	□	双壁观察	□
备注								
结论	合格□		不合格□		附图	有□	无□	
操作		级别		编制		级别		
审核		级别		批准				

续表 2.17

民用核安全设备 焊接人员操作考试	射线检验报告	报告编号：	
		页码	—

<table>
<tr><td colspan="7" align="center">底片评定记录</td></tr>
<tr><td>编号</td><td>黑度</td><td>IQI 指数</td><td>缺陷性质-尺寸-显示位置/mm</td><td colspan="2">评定结果</td><td>备注</td></tr>
<tr><td></td><td></td><td></td><td></td><td colspan="2"></td><td></td></tr>
<tr><td></td><td></td><td></td><td></td><td colspan="2"></td><td></td></tr>
<tr><td></td><td></td><td></td><td></td><td colspan="2"></td><td></td></tr>
<tr><td></td><td></td><td></td><td></td><td colspan="2"></td><td></td></tr>
<tr><td>说明</td><td colspan="6">C＝裂纹；LF＝未熔；IP＝未焊透；W＝夹钨；P＝球型气孔；LP＝条形气孔；WH＝虫形气孔；
CP＝局部密集气孔；SI＝夹渣、氧化物夹杂；CZ＝重拍；SF＝划伤；DD＝显影缺陷；FD＝片基
缺陷；SD＝增感屏缺陷</td></tr>
<tr><td>备注</td><td colspan="6"></td></tr>
<tr><td>结论</td><td colspan="2">合格□</td><td>不合格□</td><td>附图</td><td>有□</td><td>无□</td></tr>
<tr><td>评片</td><td></td><td>级别</td><td></td><td>复评</td><td></td><td>级别</td></tr>
</table>

第3章　碳钢管对接水平固定焊条电弧焊

根据《民用核安全设备焊接人员操作考试技术要求(试行)》,碳钢管对接水平固定焊条电弧焊是取得焊条电弧焊方法资格证书必须通过的考试项目之一,碳钢材料在核安全设备的焊接中具有较强的代表性,焊接人员通过本项培训和考试证明已掌握碳钢焊条电弧焊管对接、水平固定位置焊的操作技能,对于保证产品碳钢、低合金钢各种焊接位置焊缝的焊接质量具有重要作用。本章就该项目操作技能进行讲解。

3.1　碳钢管对接水平固定焊条电弧焊项目操作要点简介

3.1.1　编写依据

(1)《民用核安全设备焊接人员资格管理规定》,中华人民共和国生态环境部令第5号。

(2)《民用核安全设备焊接人员操作考试技术要求(试行)》,国核安发〔2019〕238号文。

(3)《焊条电弧焊(SMAW)操作考试规程》,民用核安全设备焊接人员操作考试标准化文件。

3.1.2　操作特点和要点

为了叙述方便,本章均称碳钢管对接水平固定焊条电弧焊项目为"SMAW-02"。

1. 保持熔池稳定

管件水平固定位置焊接时,由于管的尺寸小,电弧对焊接区的加热累积使电弧对焊件的加热速度大于散热速度,热量的积聚容易导致焊接熔池失稳焊穿。因此在管件对接的水平固定位置焊接过程中,为始终保持熔池形态稳定,使熔池的表面张力与重力平衡,必须适当控制电弧的能量。做法是将管对接接头水平固定位置焊接试件分为左、右两个半圈,按不同区段(图3.1)的焊接位置控制焊条倾角、焊接速度和运条方法,使焊接熔池始终处于相对平衡状态。

图3.1　管对接接头区段划分

2. 预防气孔、咬边、未熔合和夹渣的方法

（1）V形坡口，采用控制层间温度的三层焊法，分别为打底层、填充层和盖面层。

（2）严格控制热输入量和层间温度。

（3）焊接打底层时注意运条方法，熔合好两侧坡口，保持每一焊道的焊缝成型良好。

（4）焊接填充层和盖面层时注意保持熔池温度平衡，保持适当的运条方法、焊条角度和焊接速度，避免产生咬边和焊缝金属下坠。

3.2　焊条电弧焊（SMAW）考试规程

焊接人员应按照符合《民用核安全设备焊接人员操作考试技术要求（试行）》规定的《焊接工艺规程》焊接试件进行考试，表3.1为民用核安全设备焊接人员操作考试焊接工艺规程数据单。

表3.1　民用核安全设备焊接人员操作考试焊接工艺规程数据单

编号：　　　　　　　　　　　　　　　　　　版次：

技能考试项目代号	SMAW 焊接方法考试——管对接（带衬垫）		
工艺评定报告编号/依据标准/有效期	HP2020-010/NB/T 20002.3—2013/长期有效	自动化程度/稳压系统/自动跟踪系统	手工

焊接接头		焊缝详图
坡口形式	V 形	
衬垫（材料）	NA	母材:20#,ϕ(108×8) mm/ϕ(108×12) mm
焊缝金属厚度	8 mm	焊材:E5015,ϕ3.2 mm、ϕ4.0 mm
管直径	108 mm	单面焊带衬垫
其他	NA	

母材		填充金属	
		焊材类型（焊条、焊丝、焊带等）	焊条
类别号	非合金钢和细晶粒钢		
牌号	20#	焊材型（牌）号/规格	E5015 或等同型号 ϕ3.2 mm、ϕ4.0 mm

续表 3.1

技能考试 项目代号	SMAW 焊接方法考试——管对接（带衬垫）			
工艺评定报告 编号/依据标准/ 有效期	HP2020–010/ NB/T 20002.3—2013/长期有效		自动化程度/稳压 系统/自动跟踪系统	手工
规格	φ(108×8) mm/φ(108×12) mm		焊剂型(牌)号	NA
焊接位置			保护气体类型/混合比/流量	
焊接位置	PH		正面	NA
焊接方向	水平固定向上立焊位置		背面	NA
其他	NA		尾部	NA
预热和层间温度	焊后热处理			
预热温度	NA		温度范围	NA
层间温度	≤250 ℃		保温时间	NA
预热方式	NA		其他	NA
焊接技术				
最大线能量	NA			
喷嘴尺寸	NA		导电嘴与工件距离	NA
清根方法	NA		焊接层数范围	3～4
钨极类型/尺寸	NA		熔滴过渡方式	NA
直向焊、摆动焊及摆动方法		摆动焊/横摆焊		
背面、打底及中间焊道清理方法		手工或机械打磨		

焊接参数

焊层	焊接 方法	焊材		焊接电流		电压范围 /V	焊接速度 /(mm· min^{-1})
		型(牌)号	规格/mm	极性	范围/A		
1(打底层)	SMAW	E5015	φ3.2	DC/EN	90～120	20～26	NA
2～N(填充层)	SMAW	E5015	φ3.2	DC/EN	90～130	20～26	焊条规格 自行选用
			φ4.0		120～160	20～26	
N+1(盖面层)	SMAW	E5015	φ3.2	DC/EN	90～130	20～26	焊条规格 自行选用
			φ4.0		120～160	20～26	
编制		审核			批准		
日期		日期			日期		

3.3　常见焊接缺陷及解决方法

3.3.1　常见焊接缺陷

焊条电弧焊在操作过程中,由于焊条角度和运条方法稳定性等因素掌握不好会出现气孔、夹渣、咬边和未熔合等焊接缺陷。

3.3.2　常见焊接缺陷产生部位及解决方法

1. 气孔

气孔实物照片如图 3.2 所示。气孔是指焊接时,熔池中的气泡在凝固时未能逸出而残留下来所形成的空穴。气孔会减少焊缝的有效面积,降低焊缝的承载能力,造成应力集中,当与其他缺陷构成贯穿性缺陷时,会破坏焊缝的致密性,连续气孔是导致结构破断的重要原因。

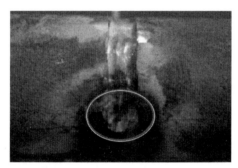

图 3.2　气孔实物照片

气孔种类有以下几种分类方式。

(1)根据气孔存在的位置,可将气孔分为内部气孔(存在于焊缝内部)和外部气孔(开口于焊缝表面的气孔),如图 3.3 所示。

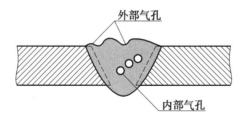

图 3.3　按气孔存在的位置分类

(2)根据气孔的分布状态及数量,可将气孔分为疏散气孔、密集气孔和连续气孔。

(3)根据气孔形状,可将气孔分为密集气孔、条虫状气孔和针状气孔等,如图 3.4 所示。

（4）根据产生气孔的气体种类不同，可将气孔分为氢气孔、一氧化碳气孔和氮气孔等。

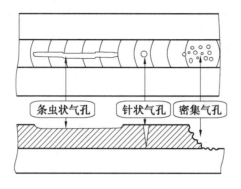

条虫状气孔　针状气孔　密集气孔

图3.4　按气孔形状分类

（1）产生部位。主要产生在焊缝接头处，焊缝中有时也可能出现。

（2）解决方法。清除坡口及其周围至少10 mm范围内的油、锈等杂质；焊条严格按要求烘干，且领取焊条后应放置于保温筒内，焊接时随取随用；采用短弧操作，掌握合适的焊条角度；使用正确的焊缝接头和引弧操作技术；选择合适的焊接规范，使用较小的焊接电流。

2. 夹渣

夹渣是指焊后残留在焊缝中的焊渣，主要分为夹杂物和夹钨两种。夹渣的几何形状不规则，往往存在棱角或尖角，易造成应力集中，常是裂纹的起源；同时夹渣削弱了焊缝的有效面积，减低了焊缝的力学性能，易使焊接结构在承载时遭受破坏，因此夹渣的危害性比气孔更大。

夹渣实物照片如图3.5所示。

（1）产生部位。存在于各层焊道与母材的交接处。

（2）解决方法。彻底清除前焊道的熔渣，施焊时电流不宜过小，以避免熔渣上浮困难；保持正确的焊条角度及运条方式，保证每层焊道与坡口两侧圆滑过渡。

图3.5　夹渣实物照片

3. 咬边

咬边实物照片如图3.6所示。咬边是指由于焊接参数选择不当，或操作方法不正确，沿焊趾的母材部位产生的沟槽或凹陷。咬边深度不得大于 0.5 mm,焊缝两侧咬边总长度不得超过焊缝长度的 10%。

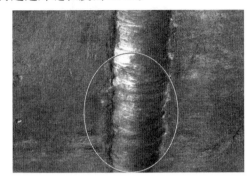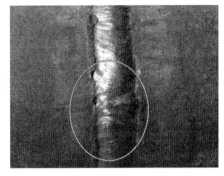

图 3.6　咬边实物照片

(1)产生部位。沿着焊趾的母材部位。

(2)解决方法。焊接时运条要平稳,掌握焊条角度及运条方式,正确选择焊接规范;焊接电流和电弧电压不宜过大,短弧操作并推动熔池金属覆盖好已被熔化的坡口边缘;当焊条做锯齿形摆动时,两边停留时间应比中间停留时间稍长一些。

4.未熔合

未熔合是指熔焊时,焊道与母材之间或焊道与焊道之间,未完全熔化结合的部分,如图 3.7 所示。一般情况下的未熔合多为面性缺陷,易产生很大的应力集中,其力学性质类似于裂纹,因此危险性较大;同时未熔合的检验难度较高,使其危害程度也加大。

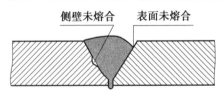

图 3.7　未熔合

未熔合实物照片如图 3.8 所示。

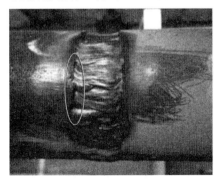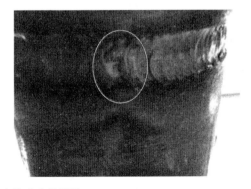

图 3.8　未熔合实物照片

（1）产生部位。主要产生于盖面层焊道与母材结合处。

（2）解决方法。适当摆动焊条,在坡口边缘处作必要的停留,注意观察熔池金属要将坡口的边缘熔合 1～2 mm;焊条横向摆动时,应控制两节点间距离,不得间隔过大,避免产生未熔合。

3.4　焊前准备

3.4.1　一般要求

1.施焊环境

环境温度不低于-10 ℃,相对湿度小于90%,焊接环境风速小于 8 m/s。

2.母材及焊材

母材钢管牌号为20#,规格 ϕ108 mm×8 mm×125 mm、ϕ108 mm×12 mm×145 mm(带衬垫用)。

焊材型号为 E5015 或等同型号,规格 ϕ3.2 mm、ϕ4.0 mm。

要求:焊条焊前应烘干,烘干温度为350 ℃,保温时间为 1 h;焊接过程中要放置于保温筒中,随取随用。

3.焊接设备

（1）符合国家强制标准。

（2）能实现焊条电弧焊。

（3）焊机需要检定校准合格并在有效期内。

3.4.2　工器具准备

焊接工具有数字型接触式测温仪、电动角向磨光机、砂轮片、钢丝刷、扁铲、除渣锤和锯条。

3.4.3　劳保防护

需要穿戴劳保工作服、劳保鞋、口罩、耳塞、手套、防护眼镜和焊接面罩。

3.4.4　考前相关检查和要求

（1）核查母材牌号和焊材型号的规格尺寸等是否符合考试和文件要求。

（2）启动焊机前,检查各处的接线是否正确、牢固可靠,仪器仪表(如电流表、电压表等)是否检定并在有效期内。

（3）焊机运行检查、极性检查(接法为直流反接,即工件接负),辅助按钮的正确使用,工装夹具是否可以正常使用以及工装夹具扳手是否齐全。

（4）严格按照焊接工艺规程要求进行装配，焊接参数设置不得超出焊接工艺规程要求。

（5）试件清理及装配过程中，需要注意打磨方向，不得朝着人或者设备方向进行打磨。

（6）考试前，应在监考人员与焊接人员共同在场确认的情况下，在试件上标注焊接人员考试编号。

（7）定位焊缝使用的焊材与打底焊相同。

3.4.5　坡口及装配

1.管对接试件

V 形坡口；机械加工，各边无毛刺，距坡口边缘 50 mm 处划坡口两侧增宽线。管对接试件加工示意图如图 3.9 所示。

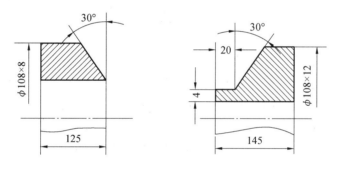

图 3.9　管对接试件加工示意图（mm）

2.试件装配

试件装配前坡口表面和两侧各 25 mm 范围内清理干净，去除铁屑、氧化皮、油、锈和污垢等杂物。

将有垫圈的管平稳放置在管对接工装上，将清理干净的另一根管端套向垫圈后将管放置平稳，装配间隙 4～6 mm 为宜。管对接（带衬垫）装配示意图如图 3.10 所示。

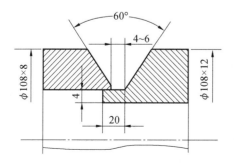

图 3.10　管对接（带衬垫）装配示意图（mm）

定位焊缝不能太厚,以免焊接到定位焊缝的焊缝接头处时,由于根部熔合不好而产生焊接缺陷,如果碰到这种情况,应将定位焊缝磨低,两端磨成斜坡状,以便焊接至定位焊缝接头处时,使焊缝接头良好过渡,保证焊透。

定位焊缝是正式焊缝的一部分,不允许有缺陷,如果定位焊缝上发现裂纹、气孔等焊接缺陷,应该将该段定位焊缝打磨掉,再在此处重新焊接定位焊缝,不允许用重熔的方法修补。

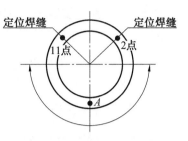

焊接过程中,不能破坏坡口棱边,装配定位焊后,检查管坡口对接边缘是否对齐,错边应不大于 0.8 mm。

为了防止焊接时焊件受热膨胀引起变形,必须保证   图 3.11   管对接定位焊示意图
定位焊缝的长度,在管件 2 点和 11 点位置进行定位焊,装配完成后应标注 6 点、12 点钟点标记。管对接定位焊示意图如图 3.11 所示。

3.5   焊接操作方法

管对接水平固定焊同时包括平焊、立焊和仰焊三种不同位置,焊缝呈环行。焊接时,试件不动,将其分成左、右两个半圈,沿着坡口自下而上进行施焊,如图 3.12 所示。而左、右两个半圈的焊接都是从仰焊位置开始起焊,在平焊位置结束,其焊接顺序如图 3.13 所示。

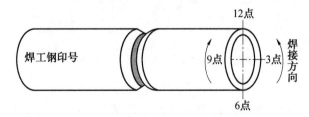

图 3.12   管对接水平固定位置示意图

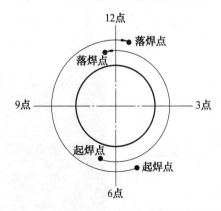

图 3.13   管对接水平固定焊焊接顺序示意图

3.5.1　打底层焊接操作要领

从越过管的 6 点位置 10~15 mm 处(图 3.14 A 点)引弧,待电弧稳定燃烧后压低电弧,同时沿着两侧坡口做锯齿形或月牙形运条,当焊条摆动到坡口侧时稍作停留,保证坡口侧熔合好。中间过渡稍快,运条的角度随着位置不同而变化,保持仰焊、立焊填充焊道平直或略凹,焊条角度如图 3.14 所示。

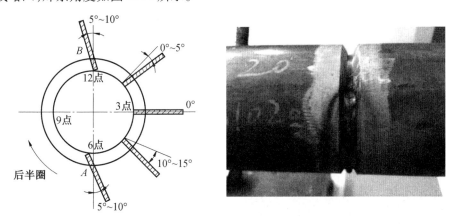

图 3.14　管对接焊条角度示意图

在起始部位焊接时,应压住电弧做小幅横向摆动运条,速度要快,焊条与该焊点的夹角为 5°~10°;随着焊接向上进行,焊条角度变大,在 5 点位置时,焊条与该焊点的夹角为 10°~15°,横向摆动幅度增大,在坡口两侧稍作停顿;到达立焊时,焊条与该焊点的夹角为 0°,上爬坡的焊条角度与该点的夹角为 0°~5°;平焊时的夹角为 5°~10°,焊缝超过 12 点并在(B 点)收弧。需要注意的是,在前半圈起焊区的 5~10 mm 范围内,焊缝应逐步由薄变厚,使之形成斜坡;而在平焊区位置收弧的 5~10 mm 范围内,焊缝应由厚变薄,使之形成斜坡,以利于后半圈接头。

后半圈的焊接与前半圈基本相同,但要注意首尾端的接头焊接。后半圈从下接头开始往上到上接头结束。首尾端接头示意图如图 3.15 所示。

3.5.2　填充层和盖面层焊接操作要领

管试件的焊接特点是升温快、散热慢,所以保持熔池温度均衡,主要是通过调整运条方法、焊条角度和焊接速度来控制。

首先彻底清除打底层焊道的熔渣,然后在打底层焊道接头处前 10 mm 左右位置引弧,接头位置要相互错开;采用月牙形或横向锯齿形运条方式,焊条倾角与打底焊相同,焊条摆动到坡口两侧时稍作停留,以将坡口两侧夹角中的杂质熔化,随熔渣一起浮起,避免产生夹渣缺陷;前半圈收弧时,对弧坑稍给 2~3 滴熔滴,使弧坑呈斜坡状以利于后半圈接头;在后半圈焊前,需将前半圈两端接头部位熔渣去除干净;前后两半圈的操作要领基本

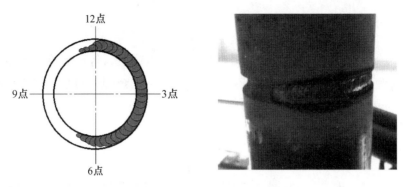

图 3.15　管对接首尾接头示意图

相同,需要注意接头的连接与填满弧坑。为给盖面层焊接奠定良好基础,填充层应平整,高低一致,比管平面低 1.5 mm 左右,并保持两侧坡口边缘完好,如图 3.16 所示。

盖面层焊接时,电弧尽量压低,摆动动作要适中,焊条倾角与打底层、填充层时相同。运条幅度不宜太大,电弧在管的坡口两侧 1~2 mm 处稍作停留,避免产生咬边及焊滴下坠等缺陷,如图 3.17 所示。

图 3.16　管对接填充焊缝实物示意图

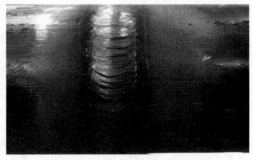

图 3.17　管对接盖面焊缝实物示意图

3.5.3　焊接实操参数及焊道记录

管对接焊接实操参数及焊道记录见表 3.2。

表 3.2　管对接焊接实操参数及焊道记录表

焊接参数	定位焊	打底层	填充层	盖面层
焊接层次	—	1-1	2-1	3-1
焊接电流/A	100	100	105	105
电弧电压/V	22	22	22	22
层道间温度/℃	30　30　30	35　35　35	158　174　188	136　150　162
焊接时间/s	—	540	540	660
焊缝长度/mm	15	308	326	346

续表 3.2

焊接参数	定位焊	打底层	填充层	盖面层
焊接速度/(mm·s⁻¹)	—	0.570	0.603	0.524
焊条直径/mm	ϕ3.2	ϕ3.2	ϕ3.2	ϕ3.2
焊接层道示意图				
实物照片	—			
焊接焊缝用时	约 45 min(含层温控制)			

3.5.4　考试过程控制要求

(1)操作考试只能由一名焊接人员在规定的试件上进行。

(2)考试试件的坡口表面和坡口两侧各 25 mm 范围内应当清理干净,去除铁屑、氧化皮、油、锈和污垢等杂物。

(3)考试前,应在监考人员与焊接人员共同在场确认的情况下,在试件上标注焊接人员考试编号。

(4)定位焊缝使用的焊材与打底焊相同。

(5)考试时,第一层焊缝中至少应有一个停弧再焊接头。

(6)考试时,不允许采用刚性固定,但允许组对时给试件预留反变形量。

(7)试件开始焊接后,焊接位置不得改变,角度偏差应当在试件规定位置±5°范围内。

(8)考试时,不得更换母材牌号和焊材型号的规格尺寸。

(9)管对接的考试的试件数量为 1 个,不允许多焊试件从中挑选。

(10)考试时,不得故意遮挡监控探头。

(11)管对接试件的焊接考试时间不得超过 90 min。

(12)考试时间指考试施焊时间,不包括考前试件打磨、组装和点固焊时间。

(13)考评员负责过程控制评价,详见表 2.3 民用核安全设备焊接人员操作考试过程控制表,过程评价合格后,考试试件方可开展无损检验评价。

3.6 焊后检查

试件焊接完成后需要对焊接试件进行目视检验(VT)、渗透检验(PT)和射线检验(RT),试件目视检验(VT)合格后,方可进行其他无损检验项目;三个检验项目均合格,此项考试为合格。

焊后检查应按《民用核安全设备焊接人员操作考试技术要求(试行)》国核安发〔2019〕238号文进行检查。检测人员的资格应符合《民用核安全设备无损检验人员管理规定》的规定。

操作考试试件的检验项目和试样数量见表3.3,表中目视检验试件数量即考试试件数量。

表3.3　试件的检验项目和试样数量

试件形式		试件形状尺寸/mm		检验项目/件		
		厚度	管径	目视检验	渗透检验	射线检验
对接接头	管对接	8	108	1	1	1

3.6.1 目视检验

1. 目视检验要求

(1)试件的目视检验按照《核电厂核岛机械设备无损检测》(NB/T 20003)要求的条件和方法进行。

(2)考试试件的目视检验设备和器材一般包括焊接检验尺、直尺、坡度仪、放大镜(放大倍数不超过6倍)、照度计、18%中性灰卡、白炽灯、强光灯和专用工具等。

(3)用于考试试件目视检验的焊接检验尺、直尺和照度计应每年检定一次。

(4)考试试件的焊缝目视检验一般在焊后(焊接完成冷却至室温后)进行,检验区域考试试件焊缝及焊缝两侧各25 mm宽的区域,手工焊的板对接试件两端20 mm内的区域不进行检验。

(5)试件焊缝的外观检验应符合要求:焊缝表面是焊后原始状态,不允许加工修磨或返修。

(6)背面焊缝的凸起应不大于3 mm。

(7)焊缝外形尺寸应符合表2.5的要求。

(8)焊缝表面不得有裂纹、未熔合、夹渣、气孔、焊瘤和未焊透。

(9)焊缝表面咬边应符合表2.6的要求,背面烧穿判定为不合格。

(10)管对接试件的错边量应小于0.5 mm。

（11）所有试件外观检验的结果均符合上表中各项要求，该项试件的外观检验为合格，否则为不合格。

2. 目视检测操作方法

目视检测方法同 2.7.1 节中第 2 小节。

3. 目视检验工艺卡

目视检验工艺卡见表 3.4。

表 3.4 目视检验工艺卡

民用核安全设备 焊接人员操作考试		目视检验工艺卡		编号：VT-02
适用的焊接方法及试件形式		焊条电弧焊（手工，SMAW）——管对接（单面焊带衬垫）		
检测时机	焊后冷却至室温	检验区域	焊缝及焊缝两侧各 25 mm 宽的区域	检测比例	100%
检验类别	VT-1	检验方法	直接目视	被检表面状态	焊后原始状态
分辨率试片	18% 中性灰卡	分辨率	≤0.8 mm 黑线	表面清理方法	擦拭
测量器具	焊检尺、直尺	器具型号	40 型/60 型/MG-8 等	照明方式	自然光/人工照明
照明器材	手电筒/强光灯	表面照度	540～2 500 lx	检测人员资格	Ⅱ级或Ⅱ级 以上人员
检验规程	HGKS-VT-01-2020	验收标准		国核安发〔2019〕238 号 5.2 条款

检测步骤及技术要求。

① 试件确认。核对并记录试件编号、测量试件尺寸和记录试件规格等。

② 表面清理。用布擦拭被检表面。

③ 照度测量。用照度计测量环境照度，要求有充足的自然照明或人工照明，应无闪光、遮光或炫光。

④ 灵敏度测试。将 18% 中性灰卡置于被检表面，在符合要求的照度前提下，能分辨出灰卡上一条 0.8 mm 宽的黑线。

⑤ 焊缝尺寸测量。利用焊接检验尺测量焊缝余高和宽度的最大值和最小值，但不取平均值，单面焊的背面焊缝宽度可不测量，余高需要测量其最大值和最小值。

⑥ 被检表面缺陷检查。

检查焊缝表面是否有裂纹、未熔合、夹渣、气孔、焊瘤、未焊透、咬边和背面凹坑等表面缺陷。背面凹坑应测量其深度和长度，深度利用专用工具只测量其最大值。

检查时眼睛与被检面夹角不小于 30°，眼睛与受检面距离≤600 mm。

辅助工具包括 6 倍以下放大镜、直尺、毛刷和记号笔等。

⑦ 记录。适时记录检验参数。

⑧ 后处理。检验完毕，清点器材，试件归位。

⑨ 评定与报告。根据国核安发〔2019〕238 号 5.2 条款规定做出合格与否结论，出具目视检验报告。

编制/日期：		级别：	审核/日期：		级别：

4. 目视检验报告

民用核安全设备焊接人员操作考试目视检验报告见表3.5。

表3.5　民用核安全设备焊接人员操作考试目视检验报告

民用核安全设备 焊接人员操作考试		目视检验报告		报告编号：	
				共　　页　　第　　页	
委托单号	—	试件名称	考试试件	试件编号	A01
试件形式	管对接	试件规格	$\phi108$ mm×8 mm×125 mm/$\phi108$ mm×12 mm×145 mm	材质	20#
焊接方法	SMAW	焊接位置	PH	坡口形式	V 形
被检表面状态	焊后原始状态	表面清理方法	擦拭	检验类别	VT-1
检验方法	直接目视	检验时机	焊后冷却至室温	检验区域	焊缝及焊缝两侧各25 mm宽的区域
检验比例	100%	检验器具	焊检尺、直尺	器具型号	40 型焊检尺、150 mm钢直尺
分辨率试片	18% 中性灰卡	分辨率	≤0.8 mm 黑线	照明方式	人工照明
表面照度	540 ~ 2 500 lx	检验规程及版本	HGKS-VT-01-2020	考试标准及版本	国核安发〔2019〕238号 5.2 条款
焊缝余高	2.6 mm　1.4 mm		裂纹	无	
焊缝余高差	1.2 mm		未熔合	无	
焊缝宽度	16 ~ 17 mm		夹渣	无	
宽度差	1.0 mm		气孔	无	
比坡口每侧增宽	1.0 ~ 2.0 mm		焊瘤	无	
焊缝边缘直线度	1.0 mm		未焊透	无	
背面焊缝余高	—		咬边	深度 = 0.2 mm，长度 = 10 mm	
背面焊缝余高差	—		背面凹坑	—	
双面焊背面焊缝宽度	—		变形角度	无	
双面焊背面焊缝宽度差	—		错边量	无	
角焊缝焊脚尺寸	—		角焊缝凹凸度	—	
检验结果	合格[　]			不合格[　]	
检验者 / 日期：		级别：	审核者 / 日期：		级别：
批准者 / 日期：					

3.6.2 渗透检验

1.渗透检验要求

(1)试件的渗透检验应按照《核电厂核岛机械设备无损检测》(NB/T 20003.4)的要求进行,焊缝质量应符合Ⅰ级焊缝的检验要求。

(2)执行渗透检验人员应经培训考核并按《民用核安全设备无损检验人员管理规定》(HAF602)取得民用核安全设备渗透检验资格证书。渗透检验人员应从事与该资格等级相应的渗透检验工作,并承担相应的技术责任。

(3)检验的材料为铁素体钢、奥氏体不锈钢及经批准确定的其他材料。

(4)渗透检验试剂应配套使用,不同厂家、不同牌号的渗透检验试剂不得混用。所使用的渗透检验材料灵敏度至少符合 GB/T 18851.2 规定的Ⅱ级水平。

(5)清洗剂和水。

①液体溶剂丙酮或乙醇,仅用于预清洗和后清洗。

②用于去除多余渗透剂的溶剂或水允许的有害元素最大浓度如下。

a.氯和氟总质量浓度不大于 200 mg/L。

b.硫质量浓度不大于 200 mg/L。

(6)显像剂。

显像剂中允许的有害元素最大浓度如下。

①氟和氯总质量浓度不大于 200 mg/L。

②硫质量浓度不大于 200 mg/L。

(7)可使用刷子或喷罐施加试剂,采用 B 型镀铬标准试块。

(8)辅助设备。

①照度计。照度计用于测量白光照度,并应每年检定(或校准)一次。仪器修理后重新检定。

②测温装置。用于测量被检件表面温度,并应每年检定(或校准)一次。仪器修理后重新检定。

2.渗透检验操作方法

(1)表面准备。

表面清洁区域应包含被检表面及其周围至少 25 mm 的相邻区域。

①一般来说,保持试件机加工及焊接后状态就可以得到满意的表面条件。若表面高低不平,有可能遮盖某些不允许的缺陷,则可以采用抛光方法制备表面。

②渗透检验前,受检表面及相邻至少 25 mm 的区域应是干燥的,且不应有任何可能堵塞表面开口或干扰检验进行的污垢、油脂、纤维屑、锈皮、焊渣、焊接飞溅物以及其他外来物质。

③可采用去污剂、有机溶剂、除锈剂和除漆剂等清洁受检表面。

④渗透检验前,不应进行喷砂或喷丸处理。

(2)检验时机与范围。

①检验时机。考试试件的渗透检验应在焊接完成、目视检验合格后进行。

②检验范围。考试试件焊缝距坡口边缘至少 5 mm 范围内的母材区域,这些检验应在焊缝外表面和能实施的内表面上进行,检验具体范围见表 3.6。

表 3.6 考试试件焊缝检验范围

焊接方法	试件形式	焊缝①
焊条电弧焊(手工)SMAW	管对接	1 面焊缝

注:① 1 面:板上表面,管外表面;2 面:板上下表面,管内外表面。

(3)工件表面温度。

渗透检验时,工件表面温度应控制在 10~50 ℃温度范围内。

(4)预清洗及干燥。

①预清洗。应使用渗透检验要求中第 5 条所述溶剂或去除剂清洗受检表面。

②预清洗后干燥。预清洗后采用自然蒸发、擦拭或通风进行干燥。

(5)灵敏度试验。

①渗透检验时,应使用 B 型镀铬标准试块校验渗透检验系统灵敏度及操作工艺正确性,试块上 3 个辐射状裂纹均应清晰显示。

②灵敏度试验可与对被检工件施加渗透剂的工艺同时进行,若 B 型镀铬标准试块 3 个辐射状裂纹不能清晰显示,则渗透检验应视为无效,待灵敏度试验合格后检验。

(6)施加渗透剂。

①采用刷涂或喷罐喷涂,应能使渗透剂均匀地覆盖整个受检表面。

②渗透剂停留时间至少为 10 min。

③被检表面上的渗透剂薄膜在整个渗透时间内应保持湿润状态。

④除受检部位以外的表面应尽可能避免沾染上渗透剂。

(7)去除多余渗透剂。

多余渗透剂应完全去除干净,但应防止过清洗。

①对于水洗型渗透剂,可用干燥、干净、不脱毛的布或吸湿纸擦拭,也可用水冲洗,但应注意以下几点。

a. 水压不应超过 345 kPa。

b. 水枪口与受检面距离应控制在 200~300 mm 之间。

c. 水温不应超过 40 ℃。

d. 水洗过程中,尽可能缩短受检表面与水接触时间。

②对于溶剂去除型渗透剂,可用干燥、洁净、不脱毛的布或吸湿纸擦拭。

（8）干燥。

①对于水洗型渗透剂干燥,可使用清洁的吸水材料将表面吸干,或采用循环热风吹干,但被检表面温度不应超过 50 ℃。对于溶剂去除型渗透剂干燥,可采用自然蒸发、擦拭或强制通风等方法干燥表面。

②为防止过分干燥或干燥时间过长,造成缺陷中的渗透剂挥发,应注意干燥时间和受检面上的干燥情况。当受检表面湿润状态一消失,即表明显像所需的干燥度已达到。

（9）显像。

①施加显像剂。

当之前所述干燥度一旦达到,应立即施加显像像剂。

采用喷罐喷涂,应能保证整个受检区域完全被一均匀薄层显像剂覆盖。

为获得均匀的显像剂薄层,施加显像剂之前,应晃动喷罐,使罐内显像剂粉末呈完全悬浮状态。

②显像后干燥。

自然蒸发;也可用无油、洁净、干燥的压缩空气吹干。

（10）观察。

①观察显示应在显像剂干燥过程中显示刚开始出现时就进行,注意显示的变化。

②观察应在受检面上可见光(自然光或灯光)照度不低于 500 lx 的条件下进行。

注:照明灯光不应直照观察者眼睛;观察和评定时可以使用倍数不大于 10 倍放大镜。

③随着显像时间的延长,显示出来的点状或线状显示会被放大,红色显示的直径、宽度和色彩深度能提供有用的信息;另外,显示出现的速度、形状和尺寸,在缺陷定性也能提供有用的信息。

④如出现背景过深而影响观察,则该区域应重新检验。重新检验时,必须对受检表面进行彻底清洗,以去除前次检验留下的所有痕迹,然后用同样的渗透材料重复液体渗透检验的全过程。

清洗时应特别注意,因为前一次检验后,有可能存在有渗透剂残留在缺陷中,重新检验时,会影响新的渗透剂进入。

3. 显示评定与验收标准

（1）显示评定。

①显示评定应在显像剂干燥后进行,一般不少于 7 min,但最长时间不应超过 60 min。

②显示分类。

显示分为线性显示和圆形显示。线性显示是指长度宽度之比大于 3 的显示;圆形显示是指除线性显示外的其他所有显示。

注:根据观察中的①条和③条,随着显像时间的延长,某些较细小的线形显示最终由于放大转变为圆形显示,对于此类显示,应作为线形显示评判。

(2)验收标准。

应按下列要求验收。

①记录标准。尺寸大于 2 mm 的相关显示应予记录;任何一组排列紧密且分布长度超过 20 mm 的显示群,即使其中的显示尺寸小于记录阈值,也应进一步分析确定其性质。

②下列相关显示应予拒收。

线性显示;尺寸大于 4 mm 的圆形显示;在同一直线上有 3 个或 3 个以上显示,且其间距小于 3 mm;在缺陷显示最严重的区域内,任意 100 cm^2 矩形区域(最大边长不超过 20 cm)内;有 5 个或 5 个以上显示。

4. 后清洗

检验完成之后,应立即彻底去除检验中余留在受检件上的渗透检验试剂,并干燥受检件。

5. 渗透检验工艺卡

渗透检验工艺卡见表 3.7。

表 3.7　渗透检验工艺卡

民用核安全设备焊接人员操作考试		渗透检验工艺卡				编号:PT-03	
试件名称	管对接试件	材质	20#	规格	φ108 mm×8 mm	试件形式	—
面要求	焊态	检验部位	焊缝及热影响区	检验比例	100%	焊接方法	见注
检验时机	焊后	检验方法	ⅡA-d□ⅡC-d□	检验温度	10～50 ℃	标准试块	B 型镀铬
渗透剂	—	去除剂	水□ 溶剂□	显像剂		观察方法	目视
渗透时间	10 min	干燥时间	自然干燥	显像时间	≥7 min	可见光	≥500 lx
渗透剂施加方法	刷或喷	去除剂施加方法	吸干□ 擦拭□	显像剂施加方法	喷	检验规程	
水温	≤40 ℃(水洗型时)	水压	≤345 kPa(水洗型时)	验收标准	第 2 条		

续表 3.7

民用核安全设备 焊接人员操作考试	渗透检验工艺卡	编号:PT-03

检验部位示意图:

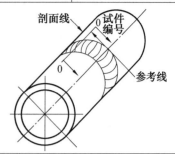

注:适用的焊接方法及试件形式

①焊条电弧焊 SMAW　$\phi108$ mm×8 mm+$\phi108$ mm×12 mm □

②焊条电弧焊(氩电联焊)　$\phi108$ mm×8 mm □

③钨极惰性气体保护电弧焊

(自动及机械化)GTAW-A 或 GTAW-M

$\phi108$ mm×8 mm □

序号	工序名称	操作要求及主要工艺参数
1	表面准备	使用钢丝盘磨光机打磨去除两侧 25 mm 范围内焊渣、飞溅及焊缝表面不平的被检面
2	预清洗	用清洗剂将被检面清洗干净
3	干燥	自然干燥
4	渗透	刷或喷施加渗透剂,使之覆盖整个被检表面,在整个渗透时间内保持润湿,渗透时间不少于 10 min
5	去除	对于水洗型渗透剂,可用干燥、干净、不脱毛的布或吸湿纸擦拭,也可用水冲洗,多余渗透剂应完全去除干净,但应防止过清洗;对于溶剂去除型渗透剂,可用干燥、洁净、不脱毛的布或吸湿纸擦拭受检表面,去除大部分的多余渗透剂,然后用蘸有溶剂的不脱毛布或湿纸轻擦表面
6	干燥	当受检表面湿润状态一消失,即表明显像所需的干燥度已达到
7	显像	喷罐喷涂,保证整个受检区域完全被一均匀薄层显像剂覆盖。显像时间不少于 7 min
8	观察	显像剂施加后 7 ~ 60 min 内进行观察,被检面处白光照度应≥500 Lx,必要时可用 5 ~ 10 倍放大镜进行观察
9	复验	重新检验时,必须对受检表面进行彻底清洗,以去除前次检验留下的所有痕迹,然后用同样的渗透材料重复液体渗透检验的全过程
10	后清洗	检验完成之后,应立即彻底去除检验中余留在受检件上的渗透检验试剂,并干燥受检件
11	评定与验收	按 3.6.2 节进行评定与验收
12	报告	按 3.6.2 节出具报告
备注	未尽事宜详见渗透检验规程	

编制/日期:	级别:	审核/日期:	级别:

6. 渗透检验报告

民用核安全设备焊接人员操作考试渗透检验报告见表2.11。

3.6.3 射线检验

1. 射线检验要求

射线检验要求同2.7.3节中第1小节。

2. 射线检验操作方法

（1）表面制备。

可采用适合方法修整焊缝表面的高低不平,直至它们在射线底片上形成的影像不至于遮蔽任何缺陷的图像或与缺陷相混淆。

对于板/管焊接的角焊缝,应在不破坏焊缝形状和外观的前提下,尽可能将多余的管材切除。

（2）检验时机与范围。

①检验时机。

考试试件的射线检验应在焊接完成、目视检验合格后进行。

②检验范围。

检验范围包括焊缝及其两侧至少5 mm范围内的邻近区域,手工焊平板对接焊缝两端各20 mm不作为评定区域。

（3）胶片透照技术。

应使用双胶片透照技术（暗盒中装有两张同类型胶片）。

（4）几何不清晰度。

几何不清晰度应≤0.3 mm。按以下公式计算几何不清晰度:

$$U_g = \frac{d \times b}{F - b}$$

式中　U_g——几何不清晰度,mm;

　　　　d——射线源焦点尺寸,mm;

　　　　b——被检工件的射线源一侧和胶片之间的距离,即管板厚度,mm;

　　　　F——焦距,mm。

射线源焦点尺寸d的计算方法见2.7.3节中第3小节。

（5）透照方式。

①透照方式包括单壁透照法、双壁单影法和双壁双影透照法,相关试件的透照方式见表3.8。

表3.8　透照方式规定

序号	试件规格 /mm	放射源种类	透照方式	像质计位置	灵敏度丝号/丝径	工艺卡
1	φ108×78	γ 射线-Ir192 γ 射线-Se75	双壁单影	胶片侧	13/0.2 mm	RT-02
		X 射线	单壁透照	射线源侧	14/0.16 mm	RT-03
		X 射线	双壁单影	胶片侧	13/0.2 mm	RT-04

②射线源、焊缝和胶片的几何布置要求详见表3.9、表3.10和表3.11。

表3.9　射线检测工艺卡（RT-02）

焊缝类型	管对接焊缝
工件规格	φ108 mm×78 mm（可带 4 mm 厚垫板）
检测区域	焊缝及两侧5 mm 范围内的邻边区域
透照方式	双壁透照单壁观察
射线源类型	γ 射线-Ir192 或 γ 射线-Se75
胶片类型/数量	C1 ～ C3/1 ～2
滤光板类型及厚度	铅,0.5 mm
增感屏类型及厚度	前屏:铅(0.20 ～ 0.25 mm);后屏:铅(0.20 ～ 0.25 mm)
像质计位置	胶片侧
像质计类型及灵敏度	FE 10 JB 型,14(0.16 mm)
定位标记位置	胶片侧
几何不清晰度	≤0.3 mm
底片观察细则	单片观察
底片黑度	2.0 ～ 4.5 mm

续表 3.9

焊缝类型	管对接焊缝
布置简图	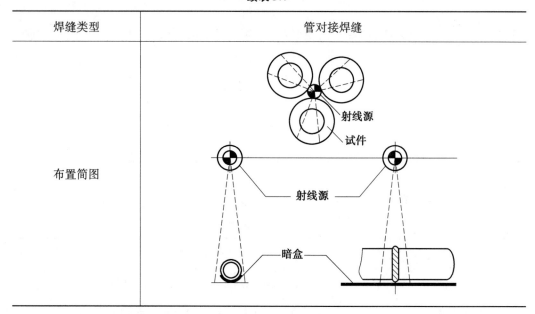

注：

①可以按上图三根管一起透照，也可以单管透照。

②射线源与工件之间可以存在一定距离。

③每张底片上都应有像质计影像。

④每根管至少透照 5 张底片。

⑤像质计放置在胶片侧，应增加 F 标记。

⑥射线源的焦点尺寸应满足几何不清晰度的要求。

⑦当暗盒放置 2 张胶片时，增感屏可增加使用厚度为 2 mm×0.1 mm 的铅中屏。

⑧只有采用 Se-75 透照时，胶片可使用 C3 类。

表 3.10　射线检测工艺卡（RT-03）

焊缝类型	管对接焊缝
工件规格	$\phi108×T8$ mm（可带 4 mm 厚垫板）
检测区域	焊缝及两侧 5 mm 范围内邻边区域
透照方式	单壁透照单壁观察
射线源类型	X 射线
使用最高管电压	≤160 kV（无垫板）／≤190 kV（有垫板）
胶片类型/数量	C1 ～ C4/1～2

续表 3.10

焊缝类型	管对接焊缝
滤光板类型及厚度	NA
增感屏类型及厚度	前屏:铅(0.02~0.15 mm);后屏:铅(0.02~0.20 mm)
像质计位置	射线源侧
像质计类型及灵敏度	FE 10 JB 型,14(0.16 mm)
定位标记位置	射线源侧
几何不清晰度	≤0.3 mm
底片观察细则	单片观察
底片黑度	2.0 ~ 4.5 mm
布置简图	

注:

①每根管至少透照 9 张底片。

②焦距 $F \geq 360$ mm。

③射线源的焦点尺寸应满足几何不清晰度的要求。

④示意图不代表单次透照的管焊缝数量,在满足本规程的前提下,可以使用其他透照布置。

表 3.11　射线检测工艺卡(RT-04)

焊缝类型	管对接焊缝
工件规格	$\phi 108$ mm×78 mm(可带 4 mm 厚垫板)
检测区域	焊缝及两侧 5 mm 范围内的邻边区域
透照方式	双壁透照单壁观察
射线源类型	X 射线

续表 3.11

焊缝类型	管对接焊缝
胶片类型/数量	C1 ~ C4/2
使用最高管电压	≤220 kV(无垫板)/≤310 kV(有垫板)
滤光板类型及厚度	NA
增感屏类型及厚度	前屏:铅(0.02 ~ 0.15 mm);后屏:铅(0.02 ~ 0.20 mm)
像质计位置	胶片侧
像质计类型及灵敏度	FE 10 JB 型,13(0.20 mm)
定位标记位置	胶片侧
几何不清晰度	≤0.3 mm
底片观察细则	单片观察
底片黑度	2.0 ~ 4.5 mm
布置简图	

注:

①焦距在 216 ~ 432 mm 之间时,至少透照 7 张底片;焦距大于 432 mm 时,至少透照 8 张底片。单管至少透照 9 张底片。

②射线源的焦点尺寸应满足几何不清晰度的要求。

③示意图不代表单次透照的管焊缝数量,在满足本规程的前提下,可以使用其他透照布置。

③透照布置。

透照厚度比 K 值应 ≤1.06。

像质计应放置在工件表面上被检焊缝的一端(被检区长度的 1/4 处),钢丝应横跨焊缝并与焊缝方向垂直,细丝置于外侧,同时确保至少有 10 mm 丝长显示在黑度均匀的母材区域。一般情况下,每张底片上应有一个像质计影像,但采用 γ 射线进行中心透照时,至少每隔 120° 放置一个像质计。

(6)搭接标记。

应使用数字或箭头(↑)作为搭接标记,搭接标记应放在工件上,不能放在暗盒上。采用双壁单影和中心曝光时,搭接标记应放在胶片侧,其余情况搭接标记应置于射线源侧。

（7）识别标记。

在射线底片上，至少显示公司标志、焊缝编号（或试件代号）、厚度、日期等识别标记。识别标记可以通过射线照相的方式，也可以采用曝光印刷的方式体现在底片上。在任何情况下，底片上的识别标记不得妨碍底片被检区域的评定。

（8）散射线的控制。

为了测定背散射是否到达胶片，可将一个高度不小于 13 mm 和厚度不小于 1.6 mm 的铅字 B 在曝光时贴到每个胶片暗袋的背面。如果 B 的淡色影像出现在背景较黑的射线照相底片上，即表示背散射线的屏蔽不充分，该射线底片应认为不合格；如果 B 的黑影像出现在较淡的背景上，不得作为底片不合格的原因。

（9）底片的搭接。

在保证底片黑度的前提下，采用中心曝光时允许底片存在一定的搭接现象。

（10）参考底片。

当首次使用射线检测规程时，应拍摄一套符合要求的参考底片。当下列透照技术或参数发生改变时，应重新拍摄参考底片。

①射线性质。

②透照方式。

③胶片型号。

④增感屏和滤光板类型。

⑤胶片处理方式。

参考底片可单独拍摄，也可从被检工件合格底片中选取，但在任何情况下，参考底片均应单独增加识别标记"YZ"。

（11）暗室处理。

胶片应尽量在曝光后的 8 h（不得超过 24 h）之内按照胶片供应商推荐的条件进行暗室处理，以获得选定的胶片系统性能。可采用手动或自动处理方式，当采用自动洗片机冲洗胶片，还应参照自动洗片机供应商推荐的要求进行。

处理后的底片应测试硫代硫酸盐离子的浓度，通常将经过处理的未使用过的胶片用胶片制造商推荐的溶液进行化学蚀刻，然后将得到的图像与代表各种浓度的典型图像在日光下进行肉眼对比，据此评定硫代硫酸盐离子的浓度，所测得的硫代硫酸盐离子的浓度应低于 $0.05~\mathrm{g/m^2}$，如果测试结果大于该值，应停止暗室处理，采取纠正措施，并对所有测试不合格底片重新冲洗。上述实验应在胶片处理后的一周内进行。

3. 评定

（1）底片黑度。

采用单片观察时，底片黑度应在 2.0～4.0 之间。

采用双片观察时，双片最小黑度应为 2.7，最大黑度应为 4.5，同时每张底片相同点测量的黑度值差不得超过 0.5,评定区域内的黑度应是逐渐变化的,所有底片都应进行观察和分析。

(2)底片质量。

所有的射线底片,都不得有妨碍底片评定的物理、化学或其他污损。污损包括下列各种,但并不限于以下几种。

①灰雾。

②处理时产生的缺陷,如条纹、水迹和化学污损等。

③划痕、指纹、褶皱、脏物、静电痕迹、黑点和撕裂等。

④由于增感屏上有缺陷产生的伪显示。

注:如果污损不严重,并且只影响同一个暗盒内的 1 张胶片,则不需要重新拍摄这张胶片对应的部位。

(3)底片观察方法。

除小径管焊缝、管与板角接焊缝可采用单片观察+双片观察外,所有的底片均应采用单片观察。

4.验收标准

具有下列任何一种情况的焊接接头均为不合格。

(1)有任何裂纹、未熔合和未焊透缺陷。

(2)最大尺寸大于表 2.14 中长径规定值的任何单个圆形缺陷。

(3)在 12 t 或 150 mm 两值中较小的长度内,任一组长径累积尺寸大于 t 的圆形缺陷。若两个圆形缺陷间距小于其中较大者长径的 6 倍,则可将这两个圆形缺陷视作同一组圆形缺陷。

(4)最大尺寸大于表 2.15 长度规定值的任何单个条形缺陷。若两个条形缺陷间距小于其中较小缺陷尺寸的 6 倍,则应将这两个条形缺陷视作同一个缺陷,其长度为这两个条形缺陷长度之和(含间距长度)。

(5)在 12 t 的长度内,任一组累计长度超过 t 的条形缺陷。若两个条形的间距小于较长者的 6 倍,则应将这两个条形缺陷视作同一组条形缺陷(累计长度不包括间距)。

5.射线检验工艺卡

射线检验工艺卡见表 3.9、表 3.10 和表 3.11。

6.射线检验报告

(1)民用核安全设备焊接人员操作考试射线检验报告见表 2.17。

(2)射线检验底片应和报告一起保存,保存时间不得低于 10 年。

第4章 熔化极气体保护电弧焊

本章概括性阐述熔化极气体保护电弧焊(Gas Metal Arc Welding,GMAW)的基本原理和缺陷预防措施。

4.1 熔化极气体保护电弧焊简介

4.1.1 熔化极气体保护电弧焊概述

熔化极气体保护电弧焊是采用连续等速送进可熔化的焊丝与被焊工件之间的电弧作为热源来熔化焊丝和母材金属,形成熔池和焊缝的焊接方法,其示意图如图4.1所示。为了得到良好的焊缝应利用外加气体作为电弧介质并保护熔滴、熔池金属和焊接区高温金属免受周围空气的有害影响。

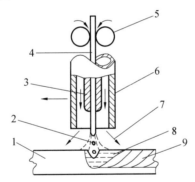

图4.1 熔化极气体保护电弧焊示意图

1—母材;2—电弧;3—导电嘴;4—焊丝;5—送丝轮;
6—喷嘴;7—保护气体;8—熔池;9—焊缝金属

由于不同种类的保护气体和焊丝对电弧状态、电气特性、热效应、冶金反应和焊缝成形等有不同影响,因此根据保护气体的种类和焊丝类型分成不同的焊接方法。

气体保护电弧焊中焊丝是对焊接过程影响最大的因素之一,焊丝应满足以下要求。

(1)焊丝应与母材或用途(如耐蚀堆焊层)相适应,不同的母材金属、不同的用途选用不同的焊丝。

(2)根据母材的厚度和焊接位置选择合适的焊丝直径。

(3)正确选择焊丝形式,焊丝分为实芯焊丝与药芯焊丝,实际应用中使用最多的是镀铜实芯焊丝。

气体保护电弧焊中另一个影响大的因素是保护气体。以氩、氦或其混合气体等惰性气体为保护气体的焊接方法称为熔化极惰性气体保护电弧焊(简称 MIG 焊),通常该法用于铝、铜和钛等有色金属。

在氩中加入少量氧化性气体(O_2、CO_2或其混合气体)混合而成的气体作为保护气体的焊接方法称为熔化极活性气体保护电弧焊(简称 MAG 焊),通常该法用于黑色金属。一般情况下,该活性气体中 O_2 的体积分数为 2% ~ 5% 或 CO_2 的体积分数为 5% ~ 20%,其作用是提高电弧稳定性和改善焊缝成形。

采用纯 CO_2 气体作为保护气体的焊接方法称为 CO_2 气体保护电弧焊(简称 CO_2 焊),也有采用 CO_2+O_2 混合气体作为保护气体。由于 CO_2 焊成本低和效率高,现已成为黑色金属的主要焊接方法。

由上述可知,由于保护气体性质不同,电弧形态、熔滴过渡和焊道形状等都不同,对焊接结果有重要影响,所以熔化极气体保护电弧焊主要是按保护气体进行分类;另外,根据焊丝端头熔滴过渡形态,除了典型的喷射过渡电弧焊外,还有短路过渡电弧焊法和脉冲电弧焊法,这些焊接方法对电源要求不同,喷射过渡电弧焊和短路过渡电弧焊法都采用直流恒压源,后者对直流电源有特殊要求,而脉冲电弧焊法采用直流脉冲电源。

熔化极气体保护电弧焊中的各种方法具有不同的特点,如图 4.2 所示。低碳钢大多采用 CO_2 焊;采用 MAG 焊可以得到稳定的焊接过程和美观的焊道,但在经济性方面不如 CO_2 焊;脉冲 MAG 焊可以在低于临界电流的低电流区间得到稳定的喷射过渡,焊接飞溅小,焊缝成形美观。

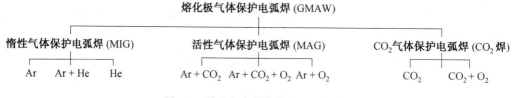

图 4.2　熔化极气体保护电弧焊分类

MIG 焊适用于焊接不锈钢和铝、铜等金属,而对于低碳钢来说是一种昂贵的焊接方法。脉冲 MIG 焊与脉冲 MAG 焊类似,可以在低电流区间实现稳定的喷射过渡。

短路过渡焊接法适用于全位置焊接,主要用于中、薄板焊接。其飞溅较大和成形不好,目前从焊接电源和保护气体等方面采取措施,已有较大改善。

GMAW 工艺采用连续送丝和高电流密度,所以焊丝熔敷率很高,同时由于焊接变形比较小和熔渣较少而便于清理,该工艺是一种高效节能的焊接方法。

4.1.2　熔化极气体保护电弧焊的基本原理

1. 焊丝的加热与熔化

电弧是在电极与金属间、在气体介质中产生强烈而持久的放电现象,它是将电能转化为热能的元件。电弧分为三个区间,即弧柱区、阴极区和阳极区,对电极的加热主要是两电极区的产热,而弧柱区(又称等离子区)的产热影响不大。电弧的两个电极区的产热量由下式决定:

$$P_A = I(U_A + U_W) \tag{4.1}$$

$$P_K = I(U_K - U_W) \tag{4.2}$$

式中　P_A 和 P_K——阳极区和阴极区产热;

　　　　U_A 和 U_K——阳极区和阴极区电压降;

　　　　U_W——电极材料的逸出功;

　　　　I——电弧电流。

由式(4.1)和式(4.2)可知,两个电极区产生的热量主要与电极材料种类、电极前的气体种类和电流大小等因素有关。在 GMAW 焊接时,阳极区的电压降 U_A 较小(为 0 ~ 2 V),阴极区的电压降 U_K 较大(为 10 V),因此熔化极气体保护电弧焊焊接时,一般情况下焊丝接阴极(正接)时,焊丝的熔化速度高于焊丝接阳极(反接)时的熔化速度,但是焊丝接阴极时电弧不稳定,熔滴过渡不规则且焊缝成形不良,所以大多数情况下,GMAW 法要求采用直流反接(焊丝接正极),此时电弧稳定,但焊丝熔化速度较低。

GMAW 法通常不采用交流电,主要原因是电流过零时电弧熄灭,电弧难以再引燃且焊丝为阴极的半波电弧不稳定。

熔化焊丝的能量主要来自电弧的电极区,此外焊接电流引起的焊丝电阻热也对焊丝的熔化率有影响,尤其是在细焊丝、较大干伸长和焊丝的电阻率较高时,由欧姆定律决定将产生较大的电阻热。

焊丝熔化率由下式决定:

$$M_R = aI + bL I^2 \tag{4.3}$$

式中　M_R——焊丝熔化率,mm/s;

　　　　a——阳极或阴极加热的比例常数,其大小与极性、焊丝化学成分有关,mm/(s·A²);

　　　　b——电阻加热比例常数,1/(s·A²);

　　　　L——焊丝干伸长,mm;

　　　　I——电弧电流,A。

试验表明,电弧功率、工件处的电压降和等离子体压降对焊丝熔化率的影响不大。

2. 熔滴过渡

熔滴过渡形式是焊接人员考试中的重要变量,对其详细介绍是必要的,GMAW 法工艺特点按熔滴过渡形式可分三种,分别为短路过渡、大滴过渡(颗粒过渡)和喷射过渡(射流过渡)。

影响熔滴过渡的因素很多,其中主要因素有焊接电流的大小和种类、焊丝直径、焊丝成分、焊丝干伸长以及保护气体。

（1）短路过渡。

焊条（或焊丝）端部的熔滴与熔池短路接触，由于强烈过热和磁收缩的作用使其爆断直接向熔池过渡的形式称为短路过渡。短路过渡能在小功率电弧下（小电流、低电弧电压）实现稳定的金属熔滴过渡和稳定的焊接过程，所以适合于薄板或需要低热输入情况下的焊接。

短路过渡实现的条件是焊接电流小于 200 A。

（2）大滴过渡（颗粒过渡）。

当电弧长度超过一定值时，熔滴依靠表面张力的作用可以保持在焊条（或焊丝）端部自由长大，当促使熔滴下落的力（如重力、电磁力等）大于表面张力时，熔滴离开焊条（或焊丝）自由过渡到熔池，不发生短路。

大滴过渡形式可以分为粗滴过渡和细滴过渡。粗滴过渡是熔滴呈粗大颗粒状向熔池自由过渡的形式，由于粗滴过渡飞溅大，电弧不稳定，不是焊接工作所希望的。细滴过渡时，表面张力减小，熔滴细化，促使熔滴过渡，并使熔滴过渡频率增加，因为飞溅少，电弧稳定，焊缝成型良好，在生产中被广泛使用。在焊接过程中熔滴尺寸的大小与焊接电流、焊丝成分和药皮成分有关系。

大滴过渡实现条件是：CO_2 气体，焊接电流为 200～300 A；富氩混合气体，焊接电流为 200～280 A。

（3）喷射过渡（射流过渡）。

熔滴呈细小颗粒并以喷射状态快速通过电弧空间向熔池过渡的形式称为喷射过渡，熔滴的尺寸随着焊接电流的增大而减小，在弧长一定时，当焊接电流增大到一定数值后，即出现喷射过渡状态。需要强调的是，产生喷射过渡除了要有一定的电流密度外，还必须要有一定的电弧长度（电弧电压），如果电弧电压太低（弧长太短），不论电流数值有多大，也不可能产生喷射过渡。喷射过度的特点是熔滴细，过渡频率高，熔滴沿焊丝的轴向以高速度向熔池运动，并且有电弧稳定，飞溅小，熔深大，焊缝成形美观，生产效率高等优点。

喷射过渡实现条件是富氩混合气体，焊接电流为 280～350 A。

3. 工艺参数

影响 GMAW 焊缝熔深、焊道几何形状和焊接质量的工艺参数主要包括焊接电流、送丝速度、极性、电弧电压、焊接速度、焊丝伸出长度、焊枪角度、焊接接头位置、焊丝尺寸以及保护气体成分和流量。

对于这些参数的影响与控制的目的是为了获得质量良好的焊缝。这些参数并不是完全独立的，改变某一个参数就要求同时改变另一个或另一些参数，以便获得所要求的结果，选择最佳的工艺参数需要较高的技能和丰富的经验，最佳工艺参数受母材成分、焊丝成分、焊接位置和质量要求等因素影响。因此对于每一种情况，为获得最佳结果，工艺参数的搭配可能有几种方案,而不是唯一的一种方案。

(1)焊接电流。

当其他参数保持恒定时,焊接电流与送丝速度或熔化速度以非线性关系变化。当送丝速度增加时,焊接电流随之增大,碳钢焊丝的焊接电流与送丝速度的关系曲线如图 4.3 所示。对每一种直径的焊丝,在低电流时曲线接近于线性;但在高电流时,特别是细焊丝时,曲线变为非线性。随着焊接电流的增大,熔化速度以更快的速度增加,这种非线性关系将继续增大,这是由于焊丝伸出长度的电阻热引起的。

如图 4.3、图 4.4、图 4.5 和图 4.6 所示,当焊丝直径增加时(保持相同的送丝速度)要求更高的焊接电流。送丝速度与焊接电流的关系还受焊丝化学成分的影响,通过比较图 4.3、图 4.4、图 4.5 和图 4.6 可知,这些图分别为碳钢、铝焊丝、不锈钢和铜焊丝的焊接电流与送丝速度关系曲线图。曲线不同位置的斜率是因为金属熔点和电阻的不同,此外还与焊丝伸出长度有关。

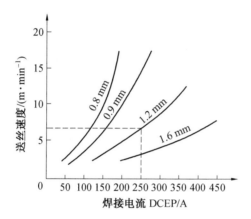

图 4.3 碳钢焊丝的焊接电流与送丝速度的关系曲线

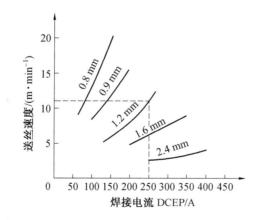

图 4.4 铝焊丝的焊接电流与送丝速度的关系曲线

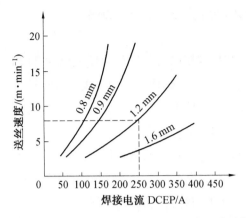

图 4.5　不锈钢焊丝的焊接电流与送丝速度的关系曲线

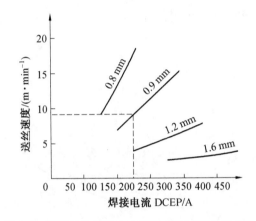

图 4.6　铜焊丝的焊接电流与送丝速度的关系曲线

当其他参数保持恒定,焊接电流(送丝速度)增加会引起以下变化。

①增加焊缝的熔深和熔宽。

②提高熔敷率。

③增大焊道的尺寸。

另外,脉冲喷射过渡焊是 GMAW 工艺的一种形式,此时脉冲电流的平均值可以在小于或等于连续直流焊的临界电流值以下得到射流过渡的特点。减小脉冲平均电流,则电弧力和焊丝熔敷率也减小,可用于全位置焊和薄板焊接;同样还可以用较粗的焊丝,在低电流下获得稳定的脉冲喷射过渡,有利于降低成本。

(2)极性。

极性是用来描述焊枪与直流电源输出端子的电气连接方式。当焊枪接正极端子时,表示为直流电极正(DCEP),称为反接;相反,当焊枪接负极端子时,表示为直流电极负(DCEN),称为正接。GMAW 法大多采用 DCEP,DCEP 电弧稳定,熔滴过渡平稳,飞溅较低,焊缝成形较好和在较宽的电流范围内熔深较大。

DCEN 很少采用,因为不采取特殊措施不可能实现轴向喷射过渡。DCEN 焊丝的熔敷率很高,但因熔滴过渡呈不稳定的大滴过渡形式,实际应用中难以采用。为此,焊钢时向氩气保护气体中加入氧气超过5%(要求向焊丝中加入脱氧元素补偿氧化烧损)或者使用含有电离剂的焊丝(增加了焊丝的成本)来改善熔滴过渡,在这二种情况下,熔敷率下降,失去了改变极性的优越性,然而 DCEN 已在表面工程中得到一些应用。

实际上在 GMAW 工艺中试图使用交流电总是不成功的,电流的周期变化使其在交流过零时电弧熄灭,造成电弧不稳,对焊丝进行处理后可以有一定改善,但是却提高了成本。

(3)电弧电压和弧长。

电弧电压和弧长是常常被相互替代的二个术语,需要指出的是,尽管这二个术语相关,却是不同的。对于 GMAW 来说弧长的选择范围很窄,必须小心控制,如在 MIG 焊喷射过渡工艺中,如果弧长太短会造成瞬时短路,将对气体保护效果产生影响,由于空气卷入而易生成气孔或吸收氮而硬化;如果电弧过长,则电弧易发生飘移,从而影响熔深与焊道的均匀性和气体的保护效果。在 CO_2 潜弧焊时,当弧长过长难以下潜,而引起电弧对焊丝端头熔滴的排斥,并产生飞溅;如果弧长过短,焊丝端部与熔池短路而不稳定,引起较大的飞溅和不良的焊缝成形。

弧长是一个独立参数,而电弧电压不同,电弧电压不但与弧长有关,还与焊丝成分、焊丝直径、保护气体和焊接技术有关。此外电弧电压是在电源的输出端上测量的,所以它还包括焊接电缆长度和焊丝伸出长度的电压降。

当其他参数保持不变时,电弧电压与弧长成正比关系。尽管弧长应加以控制,但是电弧电压却是一个较易测试的参数,因此在实际焊接生产中一般要求给出电弧电压值。电弧电压的给定值决定焊丝材料、保护气体和熔滴过波形式等。

在确定电弧电压之前,必须通过实验进行选择,以便得到最适应的焊缝性能和焊道成形。

在电流一定的情况下,当电弧电压增加时焊道宽而平坦;电压过高时,会产生气孔、飞溅和咬边;当电弧电压降低时,焊道窄而高且熔深减小,电压过低时将产生焊丝插桩现象。

(4)焊接速度。

焊接速度是指电弧沿焊接接头运动的线速度。当其他条件不变,中等焊接速度时熔深最大;焊接速度降低时,单位长度焊缝上的熔敷金属量增加;当焊接速度焊接很慢时,焊接电弧冲击熔池,而不是母材,这样会降低有效熔深,焊道也将加宽。

相反,焊接速度提高时,在单位长度焊缝上由电弧传给母材的热能上升,这是因为电弧直接作用于母材;但是当焊接速度进一步提高,单位长度焊缝上向母材过渡的热能减少,则母材的熔化是先增加后减少;再提高焊接速度会产生咬边倾向,其原因是高速焊接时,熔化金属不足以填充电弧所熔化的路径和熔池金属在表面张力的作用下向焊缝中心聚集的结果;当焊接速度更高时,还会产生驼峰焊道,这是因为液体金属熔池较长而发生失稳的结果。

（5）焊丝伸出长度。

焊丝伸出长度是指导电嘴端头到焊丝端头的距离,如图4.7所示。随着焊丝伸出长度的增大,焊丝的电阻也增大。电阻热引起焊丝的温度升高,同时少许增大焊丝的熔化率;另外增大焊丝电阻,在焊丝伸出长度上将产生较大的电压降,这一现象传感到电源,就会通过降低电流加以补偿,于是焊丝熔化率也立即降低,使电弧的物理长度变短,即获得窄而高的焊道。当焊丝伸出长度过大时,使焊丝的指向性变差和焊道成形恶化。短路过渡时合适的焊丝伸出长度为 6 ~ 13 mm,其他熔滴过渡时合适的焊丝伸出长度为 13 ~ 25 mm。

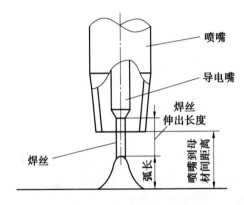

图 4.7　焊丝伸出长度说明图

（6）焊枪角度。

与所有的电弧焊方法一样,焊枪相对于焊接接头的方向影响着焊道的形状和熔深,这种影响比电弧电压或焊接速度的影响大。焊枪角度可用两个方面来描述,分别为焊丝轴线相对于焊接方向之间的角度(行走角)以及焊丝轴线和相邻工作表面之间的角度(工作角)。当焊丝指向焊接相反方向时,称为右焊法;当焊丝指向焊接方向时,称为左焊法。焊枪(焊处)角度对焊道成形的影响见表4.1。

当其他焊接条件不变时,焊丝从垂直变为左焊法时,熔深减小而焊道变为较宽和较平;在平焊位置采用右焊法时,熔池被电弧力吹向后方,因此电弧能直接作用在母材上,而获得较大熔深,焊道变为窄而凸起,电弧较稳定和飞溅较小。对于各种焊接位置,焊丝的倾角大多选择在 10° ~ 15° 范围内,此时可实现对熔池良好的控制和保护。

对某些材料(如铝)多采用左焊法,该法可提供良好的清理作用。熔池在电弧力作用下,熔化金属被吹向前方,促进了熔化金属对母材的润湿作用和减少氧化;另外在半自动焊时,采用左焊法容易观察到焊接接头位置,便于确定焊接方向。

表 4.1　焊枪角度对焊缝成形的影响

	左焊法	右焊法
焊枪角度		
焊道断面形状		

在焊接水平角焊缝时,焊丝轴线应与水平板面放置为45°(工作角),如图4.8所示。

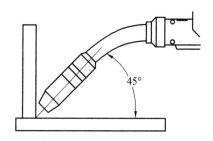

图 4.8　焊接角焊缝的工作角

(7)焊接接头位置。

焊接结构的多样化决定了焊接接头位置的多样性,如平焊、仰焊和立焊,立焊含有向上立焊和向下立焊等。为了焊接不同位置的焊缝,不仅考虑 GMAW 的熔滴过渡特点,还要考虑熔池的形成和凝固特点。

对于平焊和横焊位置焊接,可以使用任何一种 GMAW 技术,如喷射过渡法和短路过渡法都可以得到良好的焊缝。而对于全位置焊,虽然喷射过渡法可以将熔化的焊丝金属过渡到熔池中去,但因电流较大形成较大的熔池,从而使熔池难以在仰焊和向上立焊位置保持,常常引起熔池铁水流失,此时必须考虑小熔池容易保持的特性,所以只有采用低能量的脉冲或短路过渡的 GMAW 工艺才有可能。同样为克服重力对熔池金属的作用,在立焊和仰焊位置时,总是使用直径小于 1.2 mm 的细焊丝以及采用脉冲射流过渡或短路过渡,这些低热输入方法可使熔池较小和凝固较快。向下立焊和向上立焊不同,此时熔池向下淌,有利于以较大电流配合较高速度焊接薄板。

平角焊缝使用射流过渡可以得到比较均匀的焊缝,该焊缝为焊脚均匀的平面角焊缝。它与平角焊缝相比,不易产生咬边。

在平焊位置焊接时,当工件表面(即焊缝轴线)与水平面构成不同倾角时,会影响焊道形状、熔深和焊接速度。这种情况下,无论是焊枪移动还是工件移动的影响是相同的。

如果将焊缝轴线与水平面成15°摆放进行下坡焊时,即使采用在平焊位置焊接时易产生过大余高的工艺参数,也可以得到焊缝余高较小的焊缝;并且在下坡焊时,可以提高焊接速度和降低熔深,对焊接薄板有利。

下坡焊对焊道余高形状和熔深大小的影响如图4.9(a)所示,焊接熔池金属可能流到焊丝的前面,对母材产生预热作用,类似于左焊法,得到宽而浅的焊缝。随着倾斜角度的增大,焊缝中心表面下陷,熔深降低,而熔宽增大。对于铝材不推荐下坡焊技术,因为液体金属超前较多,削弱了清理作用和保护效果。

上坡焊对焊道余高形状和熔深大小的影响如图4.9(b)所示,由于重力作用引起焊接熔池金属向后流,并落在电弧的后面,电弧可以直接加热母材金属,从而增大焊缝的熔深;同时熔池两侧的液体金属向中心集中,随着倾角的增加,使焊缝的熔深和余高都增大,而熔宽减小。这些影响与下坡焊时产生的影响正好相反。

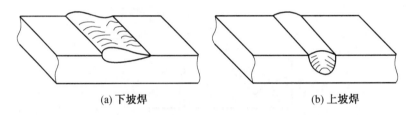

(a) 下坡焊   (b) 上坡焊

图4.9 工件倾角对焊道形状的影响

在上坡焊时,随着工件倾角增大,必将降低最大的可用焊接电流。

(8)焊丝尺寸。

对每一种成分和直径的焊丝都有一定的可用电流范围,GMAW工艺中使用的焊丝直径为 $0.4 \sim 5$ mm,通常半自动焊多用 $\phi(0.4 \sim 1.6)$ mm较细的焊丝,而自动焊常采用较粗焊丝,其直径为 $1.6 \sim 5$ mm。

细丝采用的电流较小,粗丝使用的电流较大。$\phi 1.0$ mm以下的细丝使用的电流范围较窄,主要采用短路过渡形式;而较粗焊丝使用的电流范围较宽,如 $\phi(1.2 \sim 1.6)$ mm焊丝 CO_2 焊的熔滴过渡形式可以采用短路过渡和潜弧状态下的喷射过渡,$\phi 2$ mm以上的粗丝 CO_2 焊基本采用潜弧状态下的射滴或射流过渡。MAG焊时 $\phi 1.0$ mm以下的细焊丝也是以短路过渡为主。较粗焊丝以射流过渡为主,其使用电流均大于临界电流,同时还可以采用脉冲MAG焊。因此细丝不仅可以用于平焊,还可以用于全位置焊,而粗丝只能用于平焊,在使用脉冲MAG焊时,可以用较粗的焊丝进行全位置焊。一般来说,细丝主要用于薄板和任意位置焊接,采用短路过渡和脉冲MAG焊;而粗焊丝多用于厚板和平焊位置焊接,以提高焊接熔敷率和增加熔深。

（9）保护气体。

各种保护气体的特性以及它们对焊缝质量和电弧特性的影响将在本章4.3节中进行详细讨论。

4.2 熔化极气体保护电弧焊电弧的设备

GMAW设备可以分为半自动焊和自动焊二种类型。焊接设备主要由焊接电源、送丝系统、焊枪和行走系统（自动焊）、供气系统和冷却水系统以及控制系统五个部分组成，如图4.9所示。焊接电源提供焊接过程所需的能量，维持焊接电弧的稳定燃烧；送丝机将焊丝从送丝盘中拉出并将其送给焊枪；焊丝通过焊枪时，通过与铜导电嘴的接触而带电，导电嘴将电流从焊接电源输送给电弧；供气系统提供焊接时所需要的保护气体，将电弧、熔池保护起来，如采用水冷焊枪，还配有冷却水系统；控制系统主要是控制和调整整个焊接程序，开始和停止输送保护气体和冷却水，启动和停止焊接电源接触器，以及按要求控制送丝速度和焊接小车行走方向与焊接速度等。

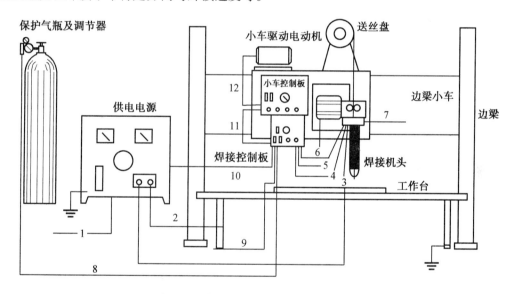

图4.10 熔化极气体保护焊的设备组成

1—一次电源输入；2—工件插头及连线；3—供电电缆；4—保护气输入；5—冷却水输入；
6—送丝控制输入；7—冷却水输出；8—输入到焊接控制箱的保护气；9—输入到焊接控制箱的冷却水；
10—输入到焊接控制箱的220 V交流；11—输入到小车控制箱的220 V交流；12—小车电动机控制输入

4.2.1 焊接电源

GMAW通常采用直流焊接电源，焊接电源的额定功率取决于各种用途需求的电流范围，GMAW的电流通常在50～500 A之间，特种应用要求1 500 A。电源的负载持续率为

60% ~100%,空载电压为55 ~85 V。

1. 焊接电源的外特性

GMAW 的焊接电源根据外特性类型可以分为三种,分别为平特性(恒压)、陡降特性(恒流)和缓降特性。

当保护气体为惰性气体(如纯 Ar)、富 Ar 和氧化性气体(如 CO_2),焊丝直径小于1.6 mm时,在生产中广泛采用平特性电源,因为平特性电源配合等速送丝系统具有许多优点,对于 L 形外特性,通过改变电压给定信号调节电弧电压;对于水平外特性,通过改变电源空载电压调节电弧电压,所以焊接参数调节方便。使用平时性电源,当弧长变化时可以引起较大的电流变化,有较强的自身调节作用,同时短路电流较大,引弧比较容易。实际使用的平特性电源的外特性并不都是真正平直的,而是带有一定的下斜,其下斜率一般不大于 4 V/100 A,但仍具有上述优点。

当焊丝直径较粗(大于 $\phi2$ mm)时,生产中一般采用下降外特性电源,配用变速送丝系统。由于焊丝直径较粗,电弧的自身调节作用较弱,弧长变化后恢复速度较慢,单靠电弧的自身调节作用难以保证稳定的焊接过程。因此像一般埋弧焊需要外加弧压反馈电路,将电弧电压(弧长)的变化及时反馈给送丝控制电路,调节送丝速度,使弧长能及时恢复。对于焊丝直径小于 1.6 mm 的铝合金焊接常采用射滴与短路混合的过渡形式(也称亚射流过渡),此时电弧的固有自身调节能力较强。

2. 焊接电源的动特性

焊接电源的动特性概念随着科学技术的进步,其含义也发生变化。电源动特性是指当负载状态发生瞬时变化时,弧焊电流和输出电压与时间的关系,以表征对负载瞬变的反应能力。在 GMAW 工艺中,短路过渡时负载周期性发生很大变化,如果电源不能适应负载变化的需要,将破坏焊接过程的稳定性,引起强烈飞溅和不良的焊缝成形。

最初,电源动特性指标主要有以下三项。

(1)短路电流上升速度, di_s/dt,V/s 。

(2)短路峰值电流, I_{max},A 。

(3)从短路到燃弧的电源电压恢复速度, dU_a/dt,V/s 。

三项指标如图 4.11 所示。

电压恢复速度 dU_a/dt 较小时,电弧不易再引燃,这个问题在原动机-发电机式焊机上易出现;而整流式焊机和逆变式焊机的电压恢复速度 dU_a/dt 很大,电弧再引燃不成问题。

目前大量使用的整流式 CO_2 焊机都采用串联在输出电路中的直流电感作为抑制电流变化的元件。在粗焊丝、大电流情况下,要求短路电流上升速度 di_s/dt 小一些,则直流电感应大一些;反之细焊丝、小电流情况下,要求短路电流上升速度 di_s/dt 大一些,则直流电感应小一些。在其他条件不变时,小电感将产生较大的短路电流上升速度 di_s/dt ,得到较

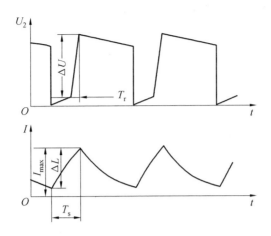

图 4.11　弧焊电源动特性示意图

$\Delta U / T_r$—电压恢复速度; $\Delta I / T_s$—短路电流上升速度; I_{max}—短路峰值电流

大的短路峰值电流 I_{max} 和产生较大的飞溅;反之,较大电感将得到较小的短路峰值电流 I_{max} 和产生较小的飞溅,但是过大的电感会引起焊丝与工件固体短路以及产生更大的飞溅。正确选择直流电感是重要的,合适的直流电感选取见表 4.2。

表 4.2　合适的直流电感选取

额定电流/A	200	350	500
直流电感/mH	0.04 ~ 0.4	0.08 ~ 0.5	0.3 ~ 0.8
适于焊丝直径/mm	0.8 ~ 1.0	1.2	1.6

　　晶闸管整流焊机的动特性可以采用直流电感进行调节,此外还可以采用状态控制,也就是分别控制短路阶段和燃弧阶段。适当降低短路阶段的电源电压和提高燃弧阶段的电源电压可以起到类似于直流电感的作用,短路时降低 di_s/dt 和 I_{max} ,燃弧时提高燃弧电流,这样不仅可以降低飞溅,还可以改善焊缝成形。

　　由于逆变式 GMAW 焊机工作频率高达 20 kHz,决定了其响应速度很高,能充分满足短路过渡的需要,也可以采用状态控制法。控制短路阶段的主要出发点是降低焊接飞溅,首先在短路初期应抑制短路电流上升速度,维持较低的电流(约几十安),防止瞬时短路和避免大颗粒飞溅;然后迅速提高短路电流,当达到某一设定值后,立刻改变电流上升率,以很小的 di_s/dt 增大电流,以便降低 I_{max} 和减小飞溅。控制燃弧阶段的主要出发点是提高燃弧能量,以便改善焊缝成形,上述典型电流波形如图 4.12 所示,电流波形是通过电子电抗器实现的,不再是依靠铁磁电抗器,所以对于逆变式焊机的铁磁电感常常很小,仅为几十微亨,比一般整流焊机小一个数量级。通过微机控制短路过渡的逆变式 GMAW 焊机可以针对不同焊丝、不同电流和不同需要(如焊接速度和焊接位置等)较容易通过柔性系统调节出合适的工艺参数,并得到理想的工艺效果。

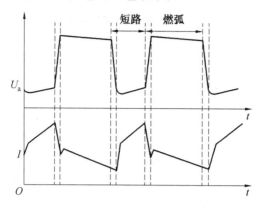

图 4.12　逆变式 GMAW 焊机的电流、电压波形

从上述分析可知,短路过度焊时不仅应选择合适的电源外特性(即电源静特性),还必须十分重视电源动特性。显然,自由过渡工艺对电源动特性要求不高,但是对于 CO_2 保护的潜弧焊,虽然以喷射过渡为主,但常常伴以瞬时短路,还应选择合适的电源动特性。

3. 电源输出参数的调节

GMAW 电源的主要技术参数有输入电压(相数、频率、电压)、额定焊接电流、额定负载持续率、空载电压、负载电压范围、焊接电流范围和电源外特性曲线类型(平特性、陡降外特性和缓降外特性)等。根据焊接工艺的需要确定对焊接电源技术参数的要求,然后选择能满足要求的焊接电源。

在焊接过程中可以根据工艺需要对电源的输出参数、电弧电压和焊接电流及时进行调节。

(1)电弧电压。

电弧电压是指焊丝端头和工件之间的电压降,不是电源电压表指示的电压(电源输出端的电压)。电弧电压的调节,对于 L 形外特性是通过改变电压给定信号实现的;而对于平特性电源主要通过调节空载电压来实现;对于陡降特性电源,通过调节控制系统的电压给定信号来实现。

(2)焊接电流。

平特性电源的电流大小主要通过调节送丝速度实现;对于陡降持性电源则主要通过调节电源外特性实现。

4.2.2　送丝系统

送丝系统通常是由送丝机(包括电动机、减速器、校直轮和送丝轮)、送丝软管和焊丝盘等组成。盘绕在焊丝盘上的焊丝经过校直轮校直后,再经过安装在减速器轮出轴上的送丝轮,最后经过送丝软管送到焊枪(推丝式);或者焊丝先经过送丝软管,再经过送丝轮送到焊枪(拉丝式)。根据送丝方式的不同,送丝系统可分为四种类型,如图 4.13 和图 4.14 所示。

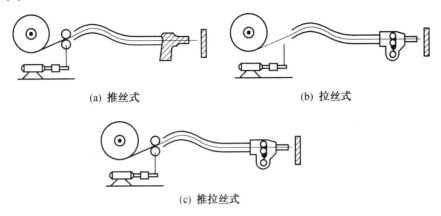

(a) 推丝式　　　　　　　　　　(b) 拉丝式

(c) 推拉丝式

图 4.13　送丝方式示意图

1. 推丝式

推丝式是半自动熔化极气体保护电弧焊应用最广泛的送丝方式之一,这种送丝方式的焊枪结构简单、轻便,操作和维修都比较方便。但焊丝送进的阻力较大,随着软管的加长,送丝稳定性变差,特别是对于较细、较软材料的焊丝,一般送丝软管长为 3 ~ 5 m,如图 4.13(a)所示。

2. 拉丝式

拉丝式分为三种形式。一种是将焊丝盘与焊枪分开,两者通过送丝软管连接;另一种是将焊丝盘直接安装在焊枪上,这两种都适用于细丝半自动焊,但前一种操作比较方便。还有一种是焊丝盘与焊枪分开,送丝电动机也与焊枪分开,这种送丝方式可用于自动熔化极气体保护电弧焊,如图 4.13(b)所示。

3. 推拉丝式

推拉丝式送丝方式的送丝软管最长可以到 15 m 左右,扩大了半自动焊操作距离。送进焊丝时既靠后面送丝机推力,又靠前面送丝机的拉力,但是拉丝速度应稍快于推丝,做到以拉丝为主,即在送丝过程中,始终能保持焊丝在软管中处于拉直状态,这种送丝方式常被用于半自动熔化极气体保护电弧焊,如图 4.13(c)所示。

4. 行星式(线式)

行星式送丝系统是根据轴向固定的旋转螺母能轴向送进螺杆的原理设计而成的,如图 4.14 所示。三个互为 120°的滚轮交叉安装在一块底座上,组成一个驱动盘,驱动盘相当于螺母,通过三个滚轮中间的焊丝相当于螺杆,三个滚轮与焊丝之间有一个预先调定的螺旋角。当电动机的主轴带动驱动盘旋转时,三个滚轮即向焊丝施加一个轴向的推力,将焊丝往前推送,送丝过程中,三个滚轮一方面围绕焊丝公转,另一方面又绕着自己的轴自转,调节电动机的转速即可调节焊丝送进速度。这种送丝机构可一级一级串联成为线式送丝系统,使送丝距离更长(可达 60 m),若采用一级传送,可传送 7 ~ 8 m。这种线式送丝方式适合于输送药芯焊丝(ϕ(1.6 ~ 2.8) mm)、小直径钢焊丝(ϕ(0.8 ~ 1.2) mm)以及长距离送丝。

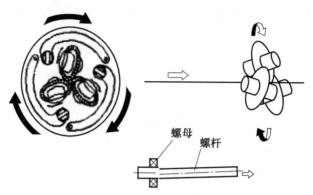

图 4.14 行星式送丝系统示意图

事实上,在我国、日本和美国等国家以及地区主要使用对滚轮送丝机。送丝电机与驱动轮相连,该驱动轮在运行过程中将力传递给焊丝,一方面从焊丝盘拉出焊丝,另一方面通过软管和焊枪将焊丝推出。送丝机可用二轮或四轮驱动装置,如图 4.15 和图 4.16 所示,其中二轮送丝装置中,轮间的压紧力可以调节,该力的大小决定焊丝直径和焊丝种类(如实芯和药芯焊丝、硬或软的焊丝)。在送丝轮前后设有输入与输出导向管,其作用是使焊丝准确地对准送丝轮沟槽和尽量缩短导向管到送丝轮之间的距离,以使支承焊丝并防止失稳而折弯。

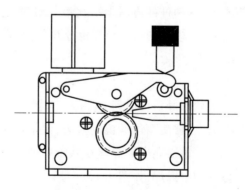

图 4.15 二滚轮送丝机构

四轮送丝装置中,有两对滚轮压紧焊丝,这保证了在送丝力相同时,减少滚轮对焊丝的压紧力,适合用于送进软的焊丝,如铝焊丝和药芯焊丝。

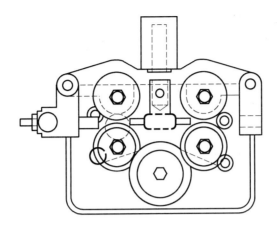

图 4.16 四滚轮送丝机构

通常用于实芯焊丝的送丝滚轮形式如图 4.17 所示,沟槽轮与平的支承轮相配合。V形沟槽常用于实芯硬焊丝,如碳钢、不锈钢;U形沟槽适用于软焊丝,如铝。

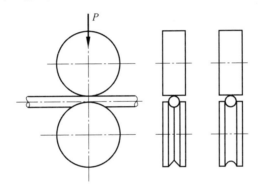

图 4.17 送丝轮的沟槽形状

滚花送丝轮与滚花支承轮相配合,如图 4.18 所示,常用于药芯焊丝。滚花的作用是可以将最大的驱动力转移到焊丝上,但驱动轮对焊丝的压力却最小。

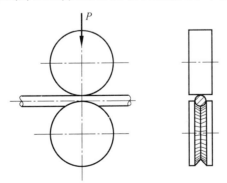

图 4.18 滚花送丝轮适用于药芯焊丝

为了保证送丝速度稳定和调速方便,送丝电机一般采用直流型。细焊丝采用等速送丝方式,运行中应保持送丝速度不变,所以送丝电机应采用他激式或永久磁铁型。欧美主要用伺服直流电机,而日本使用印刷电机。对于粗焊丝采用恒流型电源和变速送丝,这类送丝电机除可用上述电机外,还可以采用串激式电机。等速送丝机的送丝速度范围为2~16 m/min,而变速送丝机的送丝速度范围为0.2~5 m/min。

4.2.3 焊枪

GMAW 用焊枪可以用来进行手工操作(半自动焊)和自动焊(安装在机械装置上)。这些焊枪包括用于大电流、高生产率的重型焊枪和适用于小电流、全位置焊的轻型焊枪,还可以分为水冷或气冷以及鹅颈式或手枪式,这些形式既可以制成重型焊枪,也可以制成轻型焊枪。

GMAW 用焊枪的基本组成为导电嘴、气体保护喷嘴、焊接软管和导丝管、气管、水管、焊接电缆以及控制开关。

在焊接时,由于焊接电流通过导电嘴将产生电阻热和电弧辐射热的作用,使焊枪发热,常常需要冷却。气冷焊枪在 CO_2 焊时,断续负载下一般可使用高达 600 A 的电流,但是在使用氩气或氦气保护焊时,通常只限于 200 A 电流,超过上述电流时应该采用水冷焊枪。半自动焊枪通常有两种形式,分别为鹅颈式和手枪式。鹅颈式焊枪应用最广泛,它适合于细焊丝,使用灵活方便,焊接可达范围广,典型鹅颈式焊枪示意图如图 4.19 所示;而手枪式焊枪适合于较粗的焊丝,常常采用水冷,如图 4.20 所示。

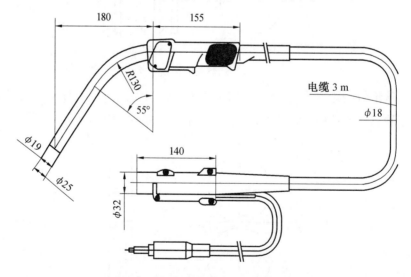

图 4.19　典型鹅颈式焊枪示意图(mm)

自动焊焊枪的基本构造与半自动焊焊枪相同,但其载流容量较大,工作时间较长,一般都采用水冷。

焊丝是连续送给的,焊枪必须有一个滑动的电接触管(一般称为导电嘴),由它将电

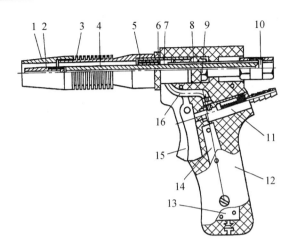

图 4.20　手枪式焊枪示意图

1—喷嘴；2—导电嘴；3—套筒；4—导电杆；5—分流环；6—挡圈；7—气室；8—绝缘圈；9—紧固螺母；
10—锁母；11—球型气阀；12—枪把；13—退丝开关；14—送丝开关；15—扳机；16—气管

流传给焊丝。导电嘴是由铜或铜合金制成，导电嘴通过电缆与焊接电源相连，导电嘴的内表面应光滑，以利于焊丝送给和良好导电。

一般导电嘴的内孔应比焊丝直径大 0.13 ~ 0.25 mm，对于铝焊丝应更大些。导电嘴必须牢固地固定在焊枪本体上，并使其定位于喷嘴中心，导电嘴与喷嘴之间的相对位置取决于熔滴过渡形式回对于短路过渡，导电嘴常常伸到喷嘴之外；而对于喷射过渡，导电嘴应缩到喷嘴内，最多可以缩进 3 mm。

焊接时应定期检查导电嘴，如发现导电嘴内孔因磨损而变长或由于飞溅而堵塞时就应立即更换。为便于更换导电嘴，常采用螺纹连接，磨损的导电嘴会破坏电弧稳定性。

喷嘴应使保护气体平稳地流出，并覆盖在焊接区，其目的是防止焊丝端头、电弧空间和熔池金属受到空气污染。根据应用情况可选择不同尺寸的喷嘴，一般直径为 10 ~ 22 mm。较大的焊接电流产生较大的熔池，则用大喷嘴；而小电流和短路过渡焊时用小喷嘴。对于电弧点焊，焊枪喷嘴端头应开出沟槽，以便气体流出。

焊接软管和导丝管应安装在接近送丝轮处，送丝软管支撑、保护和引导焊丝从送丝轮到焊枪，导丝管可作为焊接软管的一个组成部分，还可以分开。无论哪种情况，导丝管材料和内径都十分重要。钢和铜等硬材料推荐用弹簧钢管；铝和镁等软材料推荐用尼龙管。导丝管必须定期维护，以保证它们清洁和完好，特别注意不能将软管盘卷和过度弯曲。

此外，保护气、冷却水、焊接电缆和控制线也应接到焊枪上。

除了上述推丝焊枪外，还有拉丝焊枪，其中一种在焊枪上装有小型送丝机构，通过焊丝软臂与焊丝盘相连，如图 4.21 所示；另外一种焊枪上不但装有小型送丝机构，还装有小型焊丝盘，质量约 5 kg，如图 4.22 所示。这种焊枪主要用于细焊丝和软焊丝（如铝焊丝），但是由于枪体较重，不便使用；另外，由于推丝焊枪轻便、灵活，但难以长距离送丝，如果再与拉丝枪结合,就可以形成推拉式送丝方式,既保持了操作的灵活性,又有利于扩大工作范围。

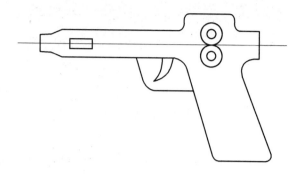

图4.21　拉丝式 GMAW 焊枪

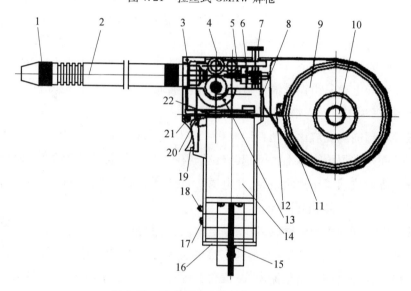

图4.22　带有焊丝盘的拉丝式焊枪

1—喷嘴;2—外套;3—绝缘外壳;4—送丝滚轮;5—螺母;6—导丝杆;7—调节螺杆;8—绝缘外壳;
9—焊丝盘;10—压栓;11—螺钉;12—压片;13—减速箱;14—电动机;15—螺钉;16—底板;
17—螺钉;18—退丝按钮;19—扳机;20—触点;21、22—螺钉

4.2.4　供气系统和冷却水系统

供气系统通常与钨极氩弧焊类似。对于 CO_2 气体,通常还需要安装预热器、减压阀、流量计和气阀;如果气体纯度不够,还需要串接高压干燥器和低压干燥器,以吸收气体中的水分,防止焊缝中生成气孔,如图4.23所示;对于熔化极活性气体保护电弧焊,还需要安装气体混合装置;若采用双层气体保护,需要两套独立的供气系统。

水冷式焊枪的冷却水系统由水箱、水泵、冷却水管和水压开关组成。水箱里的冷却水经水泵流经冷却水管和水压开关后流入焊枪,然后经冷却水管再回流水箱,形成冷却水循

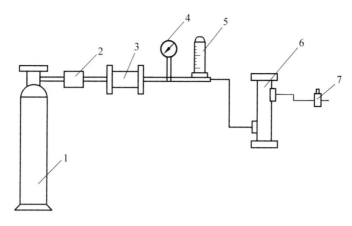

图 4.23　供气系统示意图

1—气源;2—预热器;3—高压干燥器;4—气体减压阀;5—气体流量计;6—低压干燥器;7—气阀

环。水压开关的作用是保证当冷却水未流经焊枪时,焊接系统不能启动焊接,以保护焊枪,避免过热而烧坏。

4.2.5　控制系统

控制系统由基本控制系统和程序控制系统组成。基本控制系统主要包括焊接电源输出调节系统、送丝速度调节系统、小车或(工作台)行走速度调节系统和气体流量调节系统组成。基本控制系统的作用是在焊前或焊接过程中调节焊接电流、电压、送丝速度和气体流量的大小。焊接设备的程序控制系统的主要作用如下。

(1)控制焊接设备的启动和停止。

(2)控制电磁气阀动作,实现提前送气和滞后停气,使焊接区受到良好的保护。

(3)控制水压开关动作,保证焊枪受到良好的冷却。

(4)控制引弧和熄弧。

GMAW 的引弧方式一般有三种,分别为爆断引弧(焊丝接触工件并通以电流使焊丝与工件接触处熔化,焊丝爆断后引燃电弧)、慢送丝引弧(焊丝缓慢送向工件,与工件接触引燃后,再提高送丝速度达到正常值)和回抽引弧(焊丝接触工件,通电后回抽焊丝引燃电弧)。熄弧方式有两种,分别为电流衰减(送丝速度也相应衰减,填满弧坑,防止焊丝与工件粘连)和焊丝反烧(先停止送丝,再经过一定时间后切断焊接电源)。

(5)控制送丝和小车(或工作台)移动。

送丝程序控制是自动的,半自动焊焊接启动开关装在焊枪上,当焊接启动开关闭合后,整个焊接过程按照设定的程序自动进行。程序控制的控制器由延时控制器、引弧控制器和熄弧控制器等组成。

程序控制系统将焊接电源、送丝系统、焊枪和行走系统以及供气和冷却水系统有机地组合在一起,构成一个完整的、自动控制的焊接设备系统。

除程序系统外,高档焊接设备还有参数自动调节系统,其作用是当焊接工艺参数受到外界干扰而发生变化时可以自动调节,以保护有关焊接参数的恒定,维持正常稳定的焊接过程。

4.3　熔化极气体保护电弧焊的消耗材料

在熔化极气体保护电弧焊中采用的消耗材料是焊丝和保护气体,焊丝、母材和保护气体的化学成分决定了焊缝金属的化学成分,而焊缝金属的化学成分又决定着焊件的化学性能和力学性能。选择保护气体和焊丝受母材的成分和力学性能、对焊缝力学性能的要求、母材的状态和清洁度、焊接的位置以及期望的熔滴过渡形式等因素影响。

4.3.1　焊丝

熔化极气体保护电弧焊所用焊丝的化学成分一般与母材的化学成分相近,且具有良好的焊接工艺性能和焊缝性能。焊丝金属的化学成分可以稍微与母材不同以补偿在焊接电弧中发生的损失或者为向焊接熔池提供脱氧剂。一些情况下,焊丝成分与母材相比有少许变化,然而在实际应用中,为获得满意的焊接性能和焊缝金属性能还可能要求焊丝成分与母材成分不同,如对于 GMAW 焊接锰青铜、铜-锌合金时,最满意的焊丝为铝青铜或铜-锰-镍-铝合金。

最适合焊接高强铝合金和高强合金钢的焊丝在成分上与母材完全不同,这是因为某些铝合金成分(如 LD2)不适合作为焊缝填充金属,因此焊丝合金应设计成具有理想的焊缝金属性能和满意的操作工艺性能。

不论在焊丝成分上做什么样的改进,总要添加脱氧剂或其他净化元素,原因是为了通过与氧、氮或氢的反应来使焊缝中的气孔减到最少或保证焊缝的力学性能,这些有害气体可能是来自保护气体或偶尔从外界环境进入金属中。在焊丝中添加适量正确的脱氧剂是采用含氧的保护气体时必不可少的条件,同样在大多数情况下也是有益的。在钢焊丝中最经常使用的脱氧剂是锰、硅和铝、钛,镍合金焊中是钛和硅,对铜合金,可以使用钛、硅或磷作为脱氧剂,这与合金的类型和其要求的结果有关。

与其他焊接方法相比,熔化极气体保护电弧焊焊丝直径是很小的,焊丝的平均直径为 1.0~1.6 mm,但是有时焊丝直径可以小到 0.5 mm,大到 3.2 mm。原因是熔化极气体保护电弧焊采用小直径焊丝和比较大的电流,焊丝的熔化速度非常高。除镁之外,所有金属的熔化速度为 2.4~20.4 m/min,镁丝的熔化速度达到 35.4 m/min。为了防止焊丝表面锈蚀和减小送丝阻力,确保焊丝可以连续而顺利地通过送丝软管和焊枪,通常在钢焊丝表面镀铜或涂防护油等,同时焊丝还被规则地盘绕在一定尺寸的焊丝盘或焊丝卷上。

因为焊丝直径比较小,焊丝的表面积与体积之比较大,因此加工过程中在焊丝表面上存在较多的拔丝剂、油和其他物质,这些物质可能引起焊缝金属缺陷,如气孔和裂纹等,必须特别注意焊丝的清理和防止污染。

此外,熔化极气体保护电弧焊还广泛用于堆焊和电弧点焊,应根据要求选择焊丝成分和母材稀释率,以便获得所要求的堆焊焊道成分和点焊焊缝质量。

4.3.2 保护气体

保护气体的主要作用是防止空气的有害影响,实现对焊缝和热影响区的保护。因为大多数金属在空气中加热到高温,直至熔点以上时,很容易被氧化或氮化而生成氧化物或氮化物,如氧与液态钢水中的碳进行反应生成一氧化碳和二氧化碳。这些不同的反应产物可以引起焊接缺陷,如夹渣、气孔和焊缝金属脆化。

保护气体除了提供保护环境外,保护气体的种类和其流量还对特性产生影响,如电弧特性、熔滴过渡形式、熔深与焊道形状、焊接速度、咬边倾向以及焊缝金属的力学性能。

1. 惰性气体(氩和氦)

氩和氦都是惰性气体,这两种气体及其混合气体可以用来焊接有色金属、不锈钢、低碳钢和低合金钢等,但是氩和氦两者的工艺性能大不相同,如对熔滴过渡形式、焊缝断面形状和咬边等影响都不相同。在实际生产中,焊接某些材料时,常需要采用一定比例的氩气和氦气的混合气体以获得所要求的焊接效果。

氩气与氦气作为保护气体,其工艺性能的差异是因为它们的物理性质不同,如密度、热传导性和电弧特性。

氩气的密度大约是空气的1.4倍,而氦气的密度大约是空气的0.14倍。密度较大的氩气在平焊位置时,对电弧的保护和对焊接区的覆盖作用最有效,为得到相同的保护效果,氦的流量应比氩气的流量高2~3倍。

氦气的热传导性比氩气高,氦气产生的能量能更均匀地分布在电弧等离子体;相反,氩弧等离子体具有弧柱中心能量高而周围能量低的特点。这一区别对焊缝成形产生极大影响,氦弧焊的焊缝形状特点为熔深与熔宽较大,焊缝底部呈圆弧状,而氩弧焊缝中心呈深而窄的指状熔深,其两侧熔深较浅。

氦比氩的电离电压高,在给定弧长和焊接电流时,氦气保护的电弧电压比氩气高得多。仅由氦气作为保护气时,在任何电流时都不能实现轴向射流过渡,常产生较多的飞溅和较粗糙的焊缝表面;而氩气保护中焊接电流较小时为大滴过渡,当焊接电流超过临界电流时会形成轴向射流过渡。

正因为氩气保护时的电弧电压低和电弧能量密度低,所以电弧燃烧稳定,飞溅极小,适合焊接薄板金属和热传导率低的金属;而氦气电弧能量密度高,温度高,适合焊接中厚板和热传导率高的金属材料。但在我国氦气价格昂贵,单独采用氦气保护成本太高,可以使用 Ar–He 混合气体保护。

许多有色金属焊接都采用纯氦气保护,由于氦气电弧的电弧稳定性差,一般仅用于特殊场合,然而用氦气保护电弧能得到较理想的焊缝成形,所以常常综合其优点而采用氩氦混合气体保护,其结果是既可以改善焊缝成形,又可以得到理想的稳定的熔滴过渡过程。

短路过渡中,含氦 60% ~ 90% 的氩氦混合气体电弧产热大,热输入高,并有较好的熔化特性和焊缝力学性能,此外还适合焊接铝、镁和铜等热传导率较高的金属材料。

2. 惰性气体与氧化性气体的混合气体

熔化极活性气体保护电弧焊的保护气体是采用惰性气体中加入一定量的活性气体(氧化性气体),如氩气–二氧化碳气体($Ar+CO_2$)、氩气–氧气($Ar+O_2$)、氩气–二氧化碳气体–氧气($Ar+CO_2+O_2$)等作为保护气体的一种熔化极气体保护焊方法。这种方法可以采用短路过渡、喷射过渡和脉冲射流过渡进行焊接,可用于平焊和各种位置焊接,尤其适合碳钢、低合金钢和不锈钢等黑色金属材料。

采用氧化性混合气体作为保护气体通常具有以下作用。

(1)提高熔滴过渡的稳定性。

(2)稳定阴极斑点,提高电弧燃烧的稳定性。

(3)改善焊缝熔深形状和外观成形。

(4)增大电弧的热功率。

(5)控制焊缝的冶金质量。

(6)降低焊接成本。

当采用纯氩保护焊接钢材时,将引起电弧不稳(漂移)和咬边倾向。而向氩气中加入体积分数为 1% ~5% 的 O_2 或体积分数为 3% ~25% 的 CO_2 时,会改善由于阴极斑点跳动而引起的电弧漂移,明显改善电弧的稳定性和清除咬边。

向氩气中加入氧和二氧化碳的最佳量由工件表面状态(存在氧化物的状况)、接头几何形状、焊接位置或技术以及母材成分等因素决定,通常认为加入体积分数为 2% 的 O_2 或体积分数为 8% ~ 10% 的 CO_2 是良好的配比。

$Ar+CO_2$ 混合气体适合焊接低碳钢和低合金钢,常用的混合比为 Ar 体积分数为 70% ~80% ,CO_2 的体积分数为 20% ~ 30% 。Ar 中加入 CO_2 将提高喷射过渡临界电流,如图 4.24(a)所示,从图中可见,随着 CO_2 含量的提高,临界电流增加。例如纯氩时,临界电流为 240 A,而含有体积分数为 20% 的 CO_2 时,临界电流上升到 320 A。如果进一步增加 CO_2 的质量分数达到 30% 时,熔滴过渡将失去氩弧特征而呈现 CO_2 电弧特征。目前我国常用 $Ar+20\%\ CO_2$ 混合气体,此时既具有氩弧的特点(电弧燃烧稳定、飞溅小、喷射过渡),又具有氧化性,克服了纯氩保护时的表面张力大、液体金属黏稠、易咬边和斑点漂移等问题,同时改善了焊缝成形,具有深圆弧状熔深,可出于喷射过渡、脉冲射滴过渡和短路过渡电弧。

　　Ar+O_2混合气体适合焊接低碳钢、不锈钢和高强钢,常用的混合比为 Ar 质量分数不小于91% ~99% ,O_2质量分数不大于1% ~9% ,Ar+O_2混合气体可以改善熔池的流动性、熔深和电弧稳定性,加入氧能降低临界电流(如图 4.24(b)所示)和减小咬边倾向,适合喷射过渡和脉冲射滴过渡。在氩气中无论加入 O_2 还是CO_2,都能增强氧化性,引起熔滴和熔池金属较强烈的氧化和其中硅、锰元素的烧损。Ar+CO_2混合气体不适合耐蚀不锈钢,焊接不锈钢应采用 Ar+O_2混合气体保护。

　　采用 Ar+CO_2+O_2三元混合气体作为保护气体焊接低碳钢和低合金钢会获得更好的工艺效果,常用的保护气体配比为 Ar+15% CO_2+5% O_2,可用于射流过渡、脉冲射滴过渡和短路过渡。我国采用 Ar+CO_2 和 Ar+O_2二元混合气体较多,而 Ar+CO_2+O_2三元混合气体却很少采用。

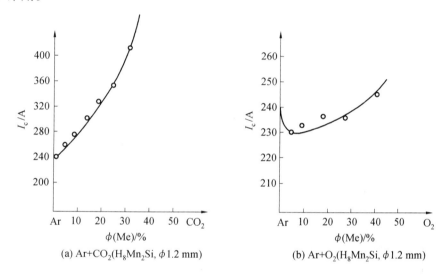

(a) Ar+CO_2(H_8Mn_2Si, ϕ1.2 mm)　　　　(b) Ar+O_2(H_8Mn_2Si, ϕ1.2 mm)

图 4.24　不同保护气体时的射流过渡临界电流

　　Ar+He+CO_2+O_2四元混合气体能在较大电流时获得稳定的熔滴过渡,例如 ϕ1.2 mm 的 H_8Mn_2SiA 焊丝,采用这种四元混合气体保护时,焊丝的熔化速度可达到 30 m/min 以上,形成了大电流高熔敷率的 GMAW 法,同时还能得到良好的力学性能和操作性。它主要用于焊接低合金品强度钢,也可以用于焊接低碳钢,但要注意焊接的经济性是否合理。

3.二氧化碳气体

　　二氧化碳气体是一种活性气体,也是唯一适合焊接用的单一活性气体。CO_2焊具有焊接速度高、熔深大、成本低和易进行空间位置焊接等优点,已广泛应用于焊接碳钢和普通低合金钢。

　　因为 CO_2气体在电弧高温作用下会发生分解,同时伴随吸热反应,对电弧产生冷却作用而使其收缩,于是焊丝端头的熔滴在电弧力作用下被排斥,产生排斥型大滴过渡,这是一种不稳定的熔滴过渡形式,常常伴随着飞溅,难以在生产中应用。当弧长较短时(电弧电压较低），将发生短路过渡，此时短路与燃弧过程周期性重复，焊接过程稳定，热输入低，所以短路过渡适合焊接薄板和全位置焊缝；当焊接电流较大时，适当降低电弧电压，能发生潜弧射滴过渡，其特点是在大电流、低电压的条件下，电弧对母材金属产生很强的挖掘力，排开了溶池金属，使电弧进入工件表面以下的凹坑内，形成潜弧状态，此时焊丝端头虽然在工件表面以下，却不发生短路，从而使熔滴由非轴向大滴过渡转变为细小熔滴的轴向射滴过渡，同时伴随着偶尔短路，这是一种比较稳定的过渡过程，焊缝熔深大、飞溅较小，但由潜弧造成的焊缝表面比较粗糙，在生产中常用于中、厚板的平焊。从上述分析可知，CO_2 焊主要有三种熔滴过渡形式，分别为大滴过渡、短路过渡和潜弧射滴过渡，后两种已被广泛应用。当焊接电流与电弧电压匹配不合适时，还可能发生十分不稳定的滴状排斥过渡以及焊丝与工件固体短路，关于 CO_2 焊熔滴过渡形式与焊接参数之间的关系如图 4.25 所示。

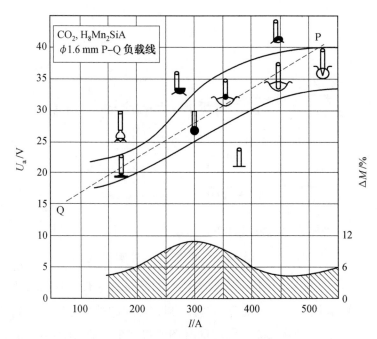

图 4.25　CO_2 焊飞溅、熔滴过渡与焊接参数之间的关系

CO_2 焊的主要缺点是焊接过程中产生金属飞溅和焊缝成形不良，飞溅不仅会降低熔敷效率，还能恶化劳动条件。产生飞溅的主要原因有：金属内部的 CO 气体急剧膨胀而发生剧烈爆炸；短路过渡焊接时，在短路过渡初期易发生瞬时短路，有的瞬时短路能产生大颗粒飞溅，而在短路结束时的短路小桥的缩颈，因电流大而发生强烈爆断，同时伴随着细小的飞溅。通过工艺措施和冶金措施可使短路过渡飞溅明显降低，工艺措施方面主要是尽量采用较细的焊丝；焊接电流与电弧电压合理匹配；降低短路峰值电流和在短路初期保持低值电流，短路过程中的电流波形控制，在整流式焊接电源中可以通过焊接回路串接的

直流电感来调节,而在逆变焊接电源中不能串接较大的直流电感,而是依靠电子电抗器控制,这种情况下焊接飞溅可以明显降低,甚至可以达到无飞溅的焊接。冶金措施方面主要是采用合适的焊丝和保护气体成分,CO_2 气体是强氧化性气体,在焊接过程中与熔滴和熔池金属中的碳相互作用,会生成 CO,其结果可能产生飞溅和气孔,为此应避免产生 CO_2,在焊丝中加入脱氧元素,如 Si、Mn 和 Al、Ti 等,同时降低含碳量;此外,还应注意清理焊丝表面的油、锈等污物。

焊缝成型不良的主要特征是焊道呈窄而高的形状和熔深较浅,其主要原因是短路过渡中燃弧能量不足。为此,对整流电源可以通过串接直流电感调节,电感大时能延长燃弧时间和提高燃弧能量,并改善焊缝成形,而对于逆变电源还可以控制燃弧电流的大小和燃弧时间,可以产生更好的效果。由于 CO_2 气体是强氧化性气体,焊缝中含有较多的非金属夹渣物,较大地降低了焊缝中的冲击韧度,所以 CO_2 焊不适于焊接低合金高强度钢。

4. 双层气流保护

熔化极气体保护电弧焊有时采用双层气流保护可以得到更好的效果,此时喷嘴采用两个同心喷嘴组成,即内喷嘴和外喷嘴,气流分别从内、外喷嘴流出。采用双层气流保护的目的一般是提高保护效果和节省高价气体。

(1)提高保护效果。

熔化极气体保护电弧焊焊接时,由于电流密度较大,易产生较强的等离子流,容易将保护气流层破坏而卷入空气,破坏保护效果,这在大电流熔化极惰性气体保护电弧焊焊接时尤其严重。将保护气流分内、外层流入保护区,则外层的保护气流可以较好地将外围空气与内层保护气体隔开,防止空气卷入,提高保护效果,对于铝合金大电流焊可以得到显著的效果,此时,两层保护气可用同种气体,但流量不同,需要合理配置,一般内层气体流量与外层气体流量的比例为 1~2 时可以得到较好的效果。

(2)节省高价气体。

熔化极气体保护电弧焊焊接钢材时,为得到喷射过渡需要用富氩气体保护,但是影响熔滴过渡形式的气体环境只有直接与电弧本身接触的部分,因此为了节省高价的氩气,可以采用内层氩气保护电弧区,外层 CO_2 气体保护熔池。少量 CO_2 气体卷入内层氩气保护区,仍能保证富氩特性,保证稳定的喷射过渡特点。熔池在 CO_2 气体保护的凝固结晶,可以得到性能良好的焊接接头。采用内层 Ar,外层用纯 CO_2,而内外层流量比为 3∶7 和外层 70% CO_2 的双层气流保护的焊接效果大致与 80% Ar+20% CO_2 混合气体保护的效果相同,但是焊接成本却大幅下降。

4.4 熔化极气体保护电弧焊焊接缺陷与预防措施

按照正确的焊接工艺焊接时一般能得到高质量的焊缝,因熔化极气体保护焊无焊剂和焊条药皮,所以可消除焊缝中的夹渣,但使用含脱氧剂的焊丝时可能会出现浮渣,这些浮渣也应在焊接下一焊道前去除。

惰性气体极好地保护了焊接区不受空气中的氧和氮的污染。氢是低合金钢焊缝和热影响区中裂纹之源,所以采取去氢措施;用 CO_2 或氧化性混合气体保护时,为了排除氧的影响,必须使用脱氧焊丝,这些可选用的保护气体能保证得到高质量焊缝。

然而,当采用熔化极气体保护电弧焊时,如果工艺参数、材料或焊接工艺不合适时可能出现焊接缺陷,焊接缺陷形成原因及预防措施见表4.3。

表4.3 焊接缺陷形成原因及预防措施

缺陷形成原因	预防措施
焊缝金属裂纹	
①焊缝深宽比太大 ②焊道太窄(特别是角焊缝和底层焊道) ③焊缝末端处的弧坑冷却过快	①增大电弧电压或减小焊接电流以加宽焊道而减小熔深,减慢行走速度以加大焊道的横截面 ②采用衰减控制以减小冷却速度;适当填充弧坑;在完成焊缝的顶部采用分段退焊技术直至焊缝结束
夹渣	
①采用多道焊焊接短路电弧(熔焊渣型夹杂物) ②高行走速度(氧化膜型夹杂物)	①在焊接后续焊道之前,去除焊缝边上的浮渣 ②减小行走速度;采用含脱氧剂较高的焊丝;提高电弧电压
气孔	
①保护气体覆盖不足 ②焊丝的污染 ③工件的污染 ④电弧电压太高 ⑤喷嘴与工件距离太大	①增加保护气体流量,排除焊缝区的全部空气;减小保护气体的流量,防止卷入空气;消除气体喷嘴内的飞溅;避免周边环境的气流过大,破坏气体保护;降低焊接速度;减小喷嘴到工件的距离;焊接结束时应在熔池凝固之后再移开焊抢喷嘴 ②采用清洁而干燥的焊丝;消除焊丝在送丝装置中或导丝管中粘附上的润滑剂 ③在焊接之前消除工件表面上的全部油脂、锈、油漆和尘土;采用含脱氧剂的焊丝 ④减小电弧电压 ⑤减小焊丝的伸出长度

续表 4.3

缺陷形成原因	预防措施
咬边	
①焊接速度太高 ②电弧电压太高 ③电流过大 ④停留时间不足 ⑤焊枪角度不正确	①减慢焊接速度 ②降低电压 ③降低送丝速度 ④增加在熔池边缘的停留时间 ⑤改变焊枪角度使电弧力推动金属流动
未熔合	
①焊缝区表面有氧化膜或杂质 ②热输入不足 ③焊接熔池太大 ④焊接技术不合适 ⑤接头设计不合理	①在焊接之前清理全部坡口面和焊缝区表面上的轧制氧化皮或杂质 ②提高送丝速度和电弧电压;减小焊接速度 ③减小电弧摆动以减小焊接熔池 ④采用摆动技术时应在靠近坡口面的熔池边缘停留;焊丝应指向熔池的前沿 ⑤坡口角度应足够大,以便减少焊丝伸出长度(增大电流),使电弧直接加热熔池底部;坡口设计为 J 形或 U 形
未焊透	
①坡口加工不合适 ②焊接技术不合适 ③热输入不合适	①接头设计必须合适,适当加大坡口角度,使焊枪能直接作用到熔池底部,同时保持喷嘴到工件的距离合适;减小钝边高度;设置或增大对接接头中的底层间隙 ②使焊丝保持适当的行走角度,以达到最大的熔深;使电弧处在熔池的前沿 ③提高送丝速度以获得较大的焊接电流,保持喷嘴与工件的距离合适
熔透过大	
①热输入过大 ②坡口加工不合适	①减小送丝速度和电弧电压;提高焊接速度 ②减小过大的底层间隙;增大钝边高度
蛇形焊道	
①焊丝干伸长过大 ②焊丝的校正机构调整不良 ③导电嘴磨损严重	①保持适合的焊丝干伸长 ②仔细调整校正机构 ③更换新导电嘴

续表4.3

缺陷形成原因	预防措施
飞溅	
①电弧电压过低或过高 ②焊丝与工件清理不良 ③焊丝不均匀 ④导电嘴磨损严重 ⑤焊机动特性不合适	①根据焊接电流仔细调节电压;采用一元化调节焊机 ②仔细清理焊丝及坡口处 ③检查压丝轮和送丝软管(修理或更换) ④更换新导电嘴 ⑤对于整流式焊机调节直流电感;对于逆变式焊机调节控制回路的电子电抗器

第5章 熔化极气体保护电弧焊
碳钢板对接立向上焊

根据《民用核安全设备焊接人员操作考试技术要求(试行)》,熔化极气体保护电弧焊碳钢板对接立向上焊是取得熔化极气体保护电弧焊方法资格证书必须通过的考试项目之一。该项目操作技能的培训和考试,帮助焊接人员了解熔化极气体保护电弧焊方法及其操作特点,掌握熔化极气体保护电弧焊碳钢板对接单面焊双面成形的操作技能,为产品焊接质量提供保障。按照民用核安全设备焊接人员操作考试标准化文件《熔化极气体保护电弧焊(GMAW)操作考试规程》的要求,本章就熔化极 CO_2+Ar 混合气体保护焊碳钢板对接立向上焊单面焊双面成形项目操作技能相关的内容进行阐述。

5.1 熔化极气体保护电弧焊碳钢板对接立向上焊项目操作要点简介

5.1.1 编写依据

(1)《民用核安全设备焊接人员资格管理规定》,中华人民共和国生态环境部令第5号。

(2)《民用核安全设备焊接人员操作考试技术要求(试行)》,国核安发〔2019〕238号文。

(3)《熔化极气体保护电弧焊(GMAW)操作考试规程》,民用核安全设备焊接人员操作考试标准化文件。

5.1.2 操作特点

为了叙述方便,本章均称熔化极气体保护电弧焊碳钢板对接立向上焊为"GMAW-01"。

(1)操作技术重点。熟练掌握立板焊接的姿势、焊枪角度、焊接电流和焊接电压。

(2)操作技术难点。焊接时如果操作不当,容易造成未焊透及焊瘤。

熔化极气体保护电弧焊碳钢板对接立向上焊焊接时,试板是垂直固定的,焊缝处于垂直位置。如果焊接工艺参数不合适或操作不当,在根部焊道容易形成未焊透、焊瘤或夹渣等焊接缺陷。

5.2 熔化极气体保护电弧焊(手工)(GMAW)考试规程

焊接人员应按照符合《民用核安全设备焊接人员操作考试技术要求(试行)》规定的《焊接工艺规程》焊接试件进行考试。表5.1为民用核安全设备焊接人员操作考试焊接工艺规程数据单。

表5.1 民用核安全设备焊接人员操作考试焊接工艺规程数据单

编号: 版次:

技能考试项目代号	GMAW 焊接方法考试——板对接		
工艺评定报告编号/依据标准/有效期	HXC-PQR-008/ASME IX/长期有效	自动化程度/稳压系统/自动跟踪系统	半自动
焊接接头			
坡口型式	V 形		
衬垫(材料)	NA		
焊缝金属厚度	12 mm		焊接接头简图(单位:mm)
管直径	NA		
试件厚度	NA		
母材		填充金属	
类别号	非合金钢和细晶粒钢	焊材类型(焊条、焊丝、焊带等)	焊丝
牌号	Q345R	焊材型(牌)号/规格	ER50-6,ϕ1.2 mm
规格	δ12 mm	焊剂型(牌)号	NA
焊接位置		保护气体类型/混合比/流量	
焊接位置	PF	正面	类型:Ar+CO_2 混合气体 混合比:CO_2 体积分数为 18% ~ 20%,Ar 为剩余比例 流量:15 ~ 25 L/min
焊接方向	向上立焊	背面	NA
其他	NA	尾部	NA

焊接接头简图中标注:0.5~2,60°±5°,N+1,2~N,1,2~4,125

续表 5.1

技能考试项目代号	GMAW 焊接方法考试——板对接		
工艺评定报告编号/ 依据标准/有效期	HXC-PQR-008/ ASME Ⅸ/长期有效	自动化程度/稳压 系统/自动跟踪系统	半自动
预热和层间温度		焊后热处理	
预热温度	NA	温度范围	NA
层间温度	≤250 ℃	保温时间	NA
预热方式	NA	其他	NA
焊接技术			
最大线能量	NA		
喷嘴尺寸	$\phi(16\sim20)$ mm	导电嘴与工件距离	$8\sim15$ mm
清根方法	NA	焊接层数范围	$3\sim4$
钨极类型/尺寸	NA	熔滴过渡方式	短路过渡
直向焊、摆动焊及摆动方法		轻微摆动	
背面、打底及中间焊道清理方法		刷理和打磨	

焊接参数

焊层	焊接方法	焊材		焊接电流		电压范围/V
		型(牌)号	规格/mm	极性	范围/A	
1(打底)	GMAW	ER50-6	$\phi1.2$	直流反接	$80\sim110$	$15\sim20$
$2\sim N$(填充)	GMAW	ER50-6	$\phi1.2$	直流反接	$100\sim150$	$15\sim22$
$N+1$(盖面)	GMAW	ER50-6	$\phi1.2$	直流反接	$100\sim140$	$15\sim22$
编 制		审 核		批 准		
日 期		日 期		日 期		

5.3　常见焊接缺陷及解决方法

5.3.1　常见焊接缺陷

熔化极气体保护电弧焊在操作过程中,如工件表面清洁度、焊接速度、焊缝厚度和保护气体覆盖等因素掌握不好将出现焊缝金属裂纹、未焊透、气孔、夹杂、咬边、蛇形焊道和未熔合等焊接缺陷。

5.3.2　常见焊接缺陷产生原因及解决方法

1. 焊缝金属裂纹

（1）产生原因。

①焊缝熔深比太大、焊道太窄（特别是角焊缝和底层焊道）。

②焊缝末端处的弧坑冷却过快。

③焊丝或工件表面不清洁（有油、锈、漆等）。

④焊缝中含 C、S 量高而含 Mn 量低。

⑤多层焊的第一道焊缝过薄。

（2）解决方法。

①增大焊接电弧电压或减小焊接电流，以加宽焊道而减小熔深；减慢行走速度，以加大焊道的横截面。

②采用衰减控制以减小冷却速度；适当地填充弧坑；在完成焊缝的顶部采用分段退焊技术，一直到焊缝结束。

③焊前仔细清理工件表面。

④检查工件和焊丝的化学成分，更换合格材料。

⑤增加焊道厚度。

2. 夹杂

（1）产生原因。

①采用多道焊短路电弧（熔焊渣型夹杂物）。

②高的行走速度（氧化膜型夹杂物）。

（2）解决方法。

①在焊接后续焊道之前，去除焊缝边上的渣壳。

②减小行走速度；采用含脱氧剂较高的焊丝；提高电弧电压。

3. 气孔

（1）产生原因。

①保护气体覆盖不足；环境中有风。

②焊丝及工件表面受污染。

③电弧电压太高。

④喷嘴与工件距离太大。

⑤气体纯度不良。

⑥气体减压阀冻结而不能供气。

⑦喷嘴被焊接飞溅堵塞。

⑧输气管路堵塞。

（2）解决方法。

①保护好熔池。

增加保护气体流量,排除焊缝区的全部空气;减小保护气体的流量,防止卷入空气;清除气体喷嘴内的飞溅;避免周边环境的气流过大,破坏气体保护;降低焊接速度;减小喷嘴到工件的距离;焊接结束时应在熔池凝固之后移开焊枪喷嘴。

②保持清洁。

采用清洁、干燥的焊丝;清除焊丝在送丝装置中或导丝管中黏附的润滑剂;并在焊接之前,清除工件表面上的全部油脂、锈、油漆和尘土;采用含脱氧剂的焊丝。

③减小电弧电压。

④减小焊丝的伸出长度。

⑤更换气体或采用脱水措施。

⑥应串接气瓶加热器。

⑦仔细清除附着在喷嘴内壁的飞溅物。

⑧检查气路有无堵塞和弯折处。

4. 咬边

（1）产生原因。

①焊接速度太高。

②电弧电压太高。

③电流过大。

④停留时间不足。

⑤焊枪角度不正确。

（2）解决方法。

①减慢焊接速度。

②降低电压。

③降低送丝速度。

④增加在熔池边缘的停留时间。

⑤改变焊枪角度,使电弧力推动金属流动。

5. 未熔合

（1）产生原因。

①焊缝区表面有氧化膜或杂质。

②热输入不足。

③焊接熔池太大。

④焊接技术不合适。

⑤接头设计不合理。

（2）解决方法。

①在焊接之前,清理全部坡口面和焊缝区表面上的轧制氧化皮或杂质。

②提高送丝速度和电弧电压;减小焊接速度。

③减小电弧摆动以减小焊接熔池。

④采用摆动技术时应在靠近坡口面的熔池边缘停留;焊丝应指向熔池的前沿。

⑤坡口角度应足够大,以便减少焊丝伸出长度(增大电流),使电弧直接加热熔池底部;坡口设计为 J 形或 U 形

6．未焊透

（1）产生原因。

①坡口加工不合适。

②焊接技术不合适。

③热输入不合适。

（2）预防措施。

①接头设计必须合适,适当加大坡口角度,使焊枪能直接作用到熔池底部,同时保持喷到工件的距离合适;减小钝边高度;设置或增大对接接头中的底层间隙。

②使焊丝保持适当的行走角度,以达到最大的熔深;使电弧处在熔池的前沿。

③提高送丝速度以获得较大的焊接电流,保持喷嘴与工件的距离合适。

7．熔透过大

（1）产生原因。

①热输入过大。

②坡口加工不合适。

（2）预防措施。

①减小送丝速度和电弧电压;提高焊接速度。

②减小过大的底层间隙;增大钝边高度。

8．蛇形焊道

（1）产生原因。

①焊丝干伸长过大。

②焊丝的校正机构调整不良。

③导电嘴磨损严重。

（2）预防措施。

①保持适合的干伸长。

②仔细调整。

③更换新导电嘴。

9. 飞溅

（1）产生原因。

①电感量过大或过小。

②电弧电压过低或过高。

③导电嘴磨损严重。

④送丝不均匀。

⑤焊丝与工件清理不良。

⑥焊机动特性不合适。

（2）预防措施。

①仔细调节电弧力旋钮。

②根据焊接电流仔细调节电压；采用一元化调节焊机。

③更换新导电嘴。

④检查压丝轮和送丝软管（修理或更换）

⑤焊前仔细清理焊丝及坡口处。

⑥对于整流式焊机调节直流电感；对于逆变式焊机调节控制回路的电子电抗器。

10. 电弧不稳

（1）产生原因。

①导电嘴内孔过大。

②导电嘴磨损过大。

③焊丝纠缠在一起。

④送丝轮的沟槽磨耗太大引起送丝不良。

⑤焊机输出电压不稳定。

⑥送丝软管阻力大。

（2）预防措施。

①使用与焊丝直径适合的导电嘴。

②更换新导电嘴。

③仔细解开。

④更换送丝轮。

⑤检查控制电路和焊接电缆接头，有问题及时处理。

⑥更换或清理弹簧软管。

5.4　焊前准备

5.4.1　一般要求

1.施焊环境

环境温度不低于-10 ℃,相对湿度小于 90 %,焊接环境风速小于 2 m/s,试板温度不低于 5 ℃。

2.母材及焊材

(1)母材牌号与要求。

母材牌号为 Q345R,规格 δ12 mm×125 mm×300 mm。

要求:规格尺寸的偏差应在规定值±10% 范围内。

(2)焊材型号与要求。

焊材型号为 ER50-6 或等同牌号,直径规格为 ϕ1.2 mm。

要求:焊丝焊前应包装完整,表面无油、锈、灰尘等污染物。

3.焊接设备

(1)符合 GB 15579 标准。

(2)能实现熔化极气体保护电弧焊功能。

(3)焊机需经过检定并在有效期内。

5.4.2　工器具准备

焊接工具有数字型接触式测温仪、电动角向磨光机、砂轮片、钢丝刷、铁铲和锤子。

5.4.3　劳保防护

需要穿戴劳保工作服、劳保鞋、口罩、耳塞、手套、防护眼镜和焊接面罩。

5.4.4　考前相关检查和要求

(1)核查母材牌号、焊材型号的规格尺寸等是否符合考试和文件要求。

(2)启动焊机前,检查各处的接线是否正确、牢固可靠;导电嘴、气体透镜是否良好;仪器仪表(如电流表、电压表等)是否检定并在有效期内。

(3)焊机运行检查、极性检查,送丝机构检查(接法为直流反接,即工件接负),辅助按钮的正确使用,工装夹具是否可以正常使用以及工装夹具扳手是否齐全。

(4)气路检查,使用前检查各部连接处是否漏气,气体是否畅通和均匀喷出;气瓶压力降至 1 MPa 应更换气瓶。

（5）严格按照焊接工艺规程要求进行装配,焊接参数设置不得超出焊接工艺规程要求。

（6）试件清理及装配过程中,需要注意打磨方向,不得朝着人或者设备方向进行打磨。

（7）考试前,应在监考人员与焊接人员共同在场确认的情况下,在试件上标注焊接人员考试编号。

（8）定位焊缝使用的焊材与打底焊相同。

5.4.5　坡口及装配

1. 板对接试件

V 形坡口;机械加工,钝边为 0.5 ~ 1 mm,各边无毛刺,距坡口边缘 50 mm 处划坡口两侧增宽线,板对接试件加工示意图如图 5.1 所示。

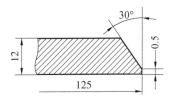

图 5.1　板对接试件加工示意图(mm)

2. 试件装配及定位焊

试件装配前坡口表面和两侧各 25 mm 范围内清理干净,去除铁屑、氧化皮、油、锈和污垢等杂物。

定位焊使用的焊丝与正式焊接时使用的焊丝相同。定位焊缝位于试件背面的两端头处,定位焊缝长度以 10 ~ 15 mm 为宜,试件始焊端的定位焊缝可适当增加长度,但不得超过 20 mm;终焊端必须定位牢固,以防止因焊接过程中的收缩,造成试件未焊端坡口间隙变小而影响施焊。装配间隙要留有收缩余量,试件终焊端的间隙要大于试件始焊端间隙约 0.5 mm,以起焊端间隙 2.5 ~ 3.0 mm,终焊端间隙 3.0 ~ 3.5 mm 为宜,试件错边量应不大于 1 mm,如图 5.2 所示。

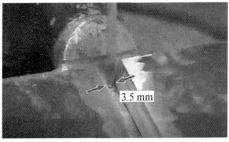

图 5.2　板对接试件装配示意图

定位焊完成后,轻敲试板形成反变形,并控制反变形量约为3°。测量反变形角度,可用$\phi4 \sim \phi5$ mm 焊丝的挟持端塞入钢尺与试板表面的夹缝内,在端部刚好塞入为准,即尺寸为 4～5 mm,如图 2.10 所示。

5.5 焊接操作方法

5.5.1 打底层焊接操作要领

焊前再次检查试板的装配间隙及反变形,将试板垂直固定好,间隙小的一端放置在下部。

1.焊枪角度与焊法

焊接时,焊枪角度与焊接方向成 75°～80°,板与焊枪的左右方向为 90°,采用小幅度锯齿形横向摆动,并在坡口两侧稍作停留,连续向前焊接,即采用连弧焊法打底。

2.引弧

采用短路引弧法。引弧前,将焊丝端头用钢丝钳剪掉,因为焊丝端头常有很大的球形直径,易产生飞溅,造成缺陷,经剪断的焊丝端头比较易引弧。

引弧时,注意保持正确的焊接姿势与焊枪角度,同时焊丝端头距试件表面的距离为 2～3 mm;按下焊枪开关,随后自动送气、送电、送丝,直至焊丝与试件表面接触而短路引燃电弧。此时,由于焊丝与试件接触产生一个反弹力,此时应握紧焊枪,勿使焊枪因冲击而回升,焊接时保持喷嘴与试件表面的距离一致,这是防止引弧时产生缺陷的关键。

3.运弧

(1)控制焊枪角度和摆动。

为了防止熔池金属在重力的作用下发生下坠,除了采用较小的焊接电流外,正确的焊枪角度和摆动方式也是关键,焊接过程中始终保持焊枪角度在与试件表面垂直上下 10° 的范围内。焊接人员要克服习惯性地将焊枪指向上方的操作方法,这种不正确的操作方法会减小熔深,易产生未熔合,应采用小幅度摆动,这样热量集中,注意摆动均匀。为防止铁水下坠,摆动到焊道中间要稍快,坡口两侧稍作停留。

(2)控制熔孔的大小。

由于熔孔的大小决定背面焊缝的宽度和余高,焊接过程中控制熔孔直径一直比间隙大 0.5～1 mm,焊接过程中仔细观察熔孔大小,并根据间隙和熔孔直径的变化、熔池温度的变化及时调整焊枪角度、摆动幅度和焊接速度,尽可能地维持熔孔直径不变,如图 5.3 所示。

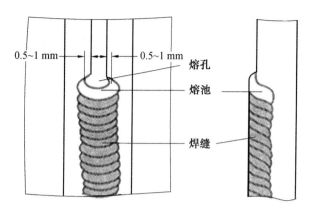

图 5.3 打底层焊熔池、熔孔示意图

（3）控制坡口两侧融合情况。

焊接过程中,注意观察坡口面的熔合情况,依靠焊枪的摆动使电弧在坡口两侧停留,保证坡口面熔化并与熔池边缘熔合在一起,如图 5.4 所示。

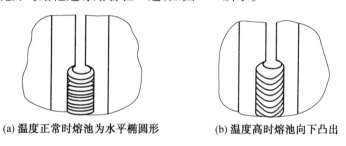

(a) 温度正常时熔池为水平椭圆形　　　　(b) 温度高时熔池向下凸出

图 5.4 打底层焊缝坡口两侧融合示意图

4. 收弧

收弧时,特别注意克服焊条电弧焊的习惯性动作(将焊枪向上抬起)。

熔化极气体保护电弧焊收弧时如将焊枪抬起,会破坏熔池处的保护效果,易产生气孔和弧坑裂纹等缺陷,所以收弧时采用反复灭弧几次直至填满弧坑,当弧坑填满,电弧熄灭后,让焊枪在弧坑处停留几秒后方能移开,保证熔池在凝固时得到可靠的保护。这种方法也可以用在填充、盖面的收弧。

5. 接头

接头时,应先将收弧处打磨呈缓坡形,在离熔池后方约 10 mm 处引弧,焊枪做横向摆动向前施焊,焊至收弧处前沿时填满弧坑,并稍作停留,形成新的熔孔后,再进行正常施焊,如图 5.5 所示。

图 5.5　打底层焊接头示意图

5.5.2　填充层焊接操作要领

调试好填充层焊接的焊接工艺参数后,自下向上焊填充焊缝,需要注意以下事项。

(1)焊前先清除打底焊道和坡口表面的飞溅和熔渣,并用角向磨光机将局部凸起的焊道磨平。

(2)焊枪横向摆动幅度比打底层焊接时稍大,电弧在坡口两侧稍作停留,保证焊道两侧熔合好。

(3)填充焊道比试板上表面低 1.5～2 mm,不允许烧坏坡口的棱边,如图 5.6 所示。

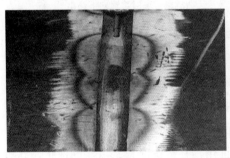

图 5.6　填充焊道示意图

5.5.3　盖面层焊接操作要领

调整好盖面层焊接的焊接工艺参数后,按下列顺序焊盖面层焊道。

(1)清理填充层焊道及坡口上的飞溅、熔渣,打磨掉焊道上局部凸起过高部分的焊。

(2)在试板下端引弧,自下向上焊接,摆动幅度较填充层焊接时稍大,熔池两侧超过坡口边缘 0.5～1.5 mm,并防止咬边,尽量保持焊接速度均匀,使焊缝外形美观。

(3)焊道顶端收弧,待电弧熄灭、熔池凝固后,才能移开焊枪,以免局部产生气孔,防止产生弧坑裂纹,如图 5.7 所示。

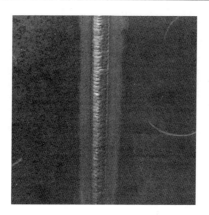

图 5.7　盖面层焊接示意图

5.5.4　焊接实操参数及焊道记录

板对接焊接实操参数及焊道记录见表 5.2。

表 5.2　板对接焊接实操参数及焊道记录表

焊接参数	定位焊	打底	填充 1	填充 2	盖面
焊接层次	—	1-1	2-1	2-2	3-1
焊接电流/A	80	80	110	110	110
电弧电压/V	18.5	18.5	18.8	18.8	18.8
层道间温度/℃	28　28　28	30　30　30	80　80　80	160　170　180	226　205　200
焊接时间/s	—	210	160	185	232
焊缝长度/mm	15	300	300	300	300
焊接速度/(mm·s⁻¹)	—	1.42	1.875	1.62	1.29
焊丝直径/mm	$\phi 1.2$	$\phi 1.2$	$\phi 1.2$	$\phi 1.2$	$\phi 1.2$
焊接层道示意图					
实物照片					

137

续表 5.2

焊接参数	定位焊	打底	填充 1	填充 2	盖面
设备板面照片					
焊接焊缝用时	约 32 min(含层温控制)				

5.5.5　考试过程控制要求

(1)操作考试只能由一名焊接人员在规定的试件上进行。

(2)考试试件的坡口表面和坡口两侧各 25 mm 范围内应当清理干净,去除铁屑、氧化皮、油、锈和污垢等杂物。

(3)考试前,应在监考人员与焊接人员共同在场确认的情况下,在试件上标注焊接人员考试编号。

(4)定位焊缝使用的焊材及工艺参数与打底焊相同。

(5)考试时,第一层焊缝中至少应有一个停弧再焊接头。

(6)考试时,不允许采用刚性固定,但允许组对时给试件预留反变形量。

(7)试件开始焊接后,焊接位置不得改变,角度偏差应当在试件规定位置±5°范围内。

(8)考试时,不得更换母材牌号和焊材型号的规格尺寸。

(9)操作考试板对接试件数量为 1 副(1 条焊缝),不允许多焊试件从中挑选。

(10)考试时,不得故意遮挡监控探头。

(11)板对接试件的焊接时间不得超过 60 min。

(12)考试时间指考试施焊时间,不包括考前试件打磨、组装和点固焊时间。

(13)考评员负责过程控制评价,详见表 2.3 民用核安全设备焊接人员操作考试过程控制表,过程评价合格后,考试试件方可开展无损检验评价。

5.6　焊后检查

焊接完成后须对焊接试件进行目视检验(VT)、渗透检验(PT)、射线检验(RT),试件目视检验(VT)合格后,方可进行其他无损检验项目。三个检验项目均合格,此项考试为合格。

焊后检查应按《民用核安全设备焊接人员操作考试技术要求(试行)》国核安发〔2019〕238 号文进行检查。检测人员的资格应符合《民用核安全设备无损检验人员管理规定》的规定。

操作考试试件的检验项目和试样数量见表2.4。

5.6.1　目视检验

1.目视检验要求

目视检验要求同 2.7.1 节中第 1 小节。

2.目视检验方法

目视检验方法同 2.7.1 节中第 2 小节。

3.目视检验工艺卡

目视检验工艺卡见表5.3。

表5.3　目视检验工艺卡

民用核安全设备 焊接人员操作考试		目视检验工艺卡		编号:VT-01	
适用的焊接方法及试件形式		熔化极气体保护电弧焊(手工,GMAW)——板对接(单面焊双面成形)			
检测时机	焊后冷却至室温	检验区域	焊缝及焊缝两侧各 25mm 宽的区域	检测比例	100%
检验类别	VT-1	检验方法	直接目视	被检表面状态	焊后原始状态
分辨率试片	18% 中性灰卡	分辨率	≤0.8 mm 黑线	表面清理方法	擦拭
测量器具	焊检尺、直尺	器具型号	40 型/60 型 /MG-8 等	照明方式	自然光/ 人工照明
照明器材	手电筒/强光灯	表面照度	540 ~ 2 500 lx	检测人员资格	Ⅱ级或Ⅱ级 以上人员
检验规程	HGKS-VT-01-2020		验收标准	国核安发〔2019〕238 号 5.2 条款	

检测步骤及技术要求。

①试件确认。核对并记录试件编号、测量试件尺寸和记录试件规格等。

②表面清理。用布擦拭被检表面。

③照度测量。用照度计测量环境照度,要求有充足的自然照明或人工照明,应无闪光、遮光或炫光。

④灵敏度测试。将 18% 中性灰卡置于被检表面,在符合要求的照度前提下,能分辨出灰卡上一条
0.8 mm宽的黑线。

⑤焊缝尺寸测量。利用焊接检验尺测量焊缝余高和宽度的最大值和最小值,但不取平均值,背面焊
缝宽度可不测量,背面焊缝余高利用专用工具只测量其最大值。

⑥被检表面缺陷检查。

检查焊缝表面是否有裂纹、未熔合、夹渣、气孔、焊瘤、未焊透、咬边和背面凹坑等表面缺陷。背面凹
坑应测量其深度和长度,深度利用专用工具只测量其最大值。

检查时眼睛与被检面夹角不小于300,眼睛与受检面距离≤600 mm。

续表5.3

民用核安全设备 焊接人员操作考试	目视检验工艺卡	编号:VT-01

辅助工具可包括:专用工具、6倍以下放大镜、直尺、毛刷和记号笔等。

⑦记录。适时记录检验参数。

⑧后处理。检验完毕,清点器材,试件归位。

⑨评定与报告。根据国核安发〔2019〕238号5.2条款规定做出合格与否结论,出具目视检验报告。

编制/日期:	级别:	审核/日期:	级别:

4.目视检验报告

民用核安全设备焊接人员操作考试目视检验报告见表5.4。

表5.4 民用核安全设备焊接人员操作考试目视检验报告

民用核安全设备 焊接人员操作考试	目视检验报告		报告编号:—	
			共 页	第 页
委托单号	—	试件名称	考试试件	试件编号	A01
试件形式	板对接	试件规格	300 mm×125 mm×δ12 mm	材质	Q345R
焊接方法	GMAW	焊接位置	PF	坡口形式	V形
被检表面状态	焊后原始状态	表面清理方法	擦拭	检验类别	VT-1
检验方法	直接目视	检验时机	焊后冷却至室温	检验区域	焊缝及焊缝两侧各25mm宽的区域
检验比例	100%	检验器具	焊检尺、直尺	器具型号	HJC60型
分辨率试片	18%中性灰卡	分辨率	≤0.8 mm黑线	照明方式	人工照明
表面照度	540~2 500 lx	检验规程及版本	HGKS-VT-01-2020	考试标准及版本	国核安发〔2019〕238号5.2条款
焊缝余高	1.6 mm 2.9 mm		裂纹	无	
焊缝余高差	1.3 mm		未熔合	无	
焊缝宽度	15~17 mm		夹渣	无	
宽度差	2 mm		气孔	无	
比坡口每侧增宽	1.0~2.0 mm		焊瘤	无	
焊缝边缘直线度	1.0 mm		未焊透	无	

续表5.4

民用核安全设备 焊接人员操作考试	目视检验报告		报告编号：—	
			共　页　　第　页	
背面焊缝余高	0.5 mm　　1.5 mm		咬边	≤0.5 mm　$L=10$ mm
背面焊缝余高差	1.0		背面凹坑	无
双面焊 背面焊缝宽度	—		变形角度	0.5°
双面焊 背面焊缝宽度差	—		错边量	无
角焊缝焊脚尺寸	—		角焊缝凹凸度	—
检验结果	合格[　]		不合格[　]	
检验者/日期：	级别：		审核者/日期：	级别：
批准者/日期：				

5.6.2　渗透检验

1.渗透检验要求

渗透检验要求同2.7.2节中第1小节。

2.渗透检验操作方法

（1）表面准备。

表面清洁区域应包含被检表面及其周围至少25 mm的相邻区域。

①一般来说,保持试件机加工及焊接后状态就可以得到满意的表面条件。若表面高低不平,有可能遮盖某些不允许的缺陷,则可以采用抛光方法制备表面。

②渗透检验前,受检表面及相邻至少25 mm的区域应是干燥的,且不应有任何可能堵塞表面开口或干扰检验进行的污垢、油脂、纤维屑、锈皮、焊渣、焊接飞溅物以及其他外来物质。

③可采用去污剂、有机溶剂、除锈剂和除漆剂等清洁受检表面。

④渗透检验前,不应进行喷砂或喷丸处理。

（2）检验时机与范围。

①检验时机。考试试件的渗透检验应在焊接完成、目视检验合格后进行。

②检验范围。考试试件焊缝距坡口边缘至少5 mm范围内的母材区域,这些检验应在焊缝外表面和能实施的内表面上进行,检验具体范围见表5.5。

表 5.5　考试试件焊缝检验范围

焊接方法	试件形式	焊缝[①]
熔化极气体保护电弧焊 GMAW	板对接	2 面焊缝

注:① 1 面:板上表面,管外表面;2 面:板上下表面,管内外表面。

（3）工件表面温度。

渗透检验时,工件表面温度应控制在 10～50 ℃温度范围内。

（4）预清洗及干燥。

①预清洗。应使用 2.7.2 节中清洗剂或去除剂清洗受检表面。

②预清洗后干燥。预清洗后采用自然蒸发、擦拭或通风进行干燥。

（5）灵敏度试验。

①渗透检验时,应使用 B 型镀铬标准试块校验渗透检验系统灵敏度及操作工艺正确性,试块上 3 个辐射状裂纹均应清晰显示。

②灵敏度试验可与对被检工件施加渗透剂的工艺同时进行,若 B 型镀铬标准试块 3 个辐射状裂纹不能清晰显示,则渗透检验应视为无效,待灵敏度试验合格后检验。

（6）施加渗透剂。

①采用刷涂或喷罐喷涂,应能使渗透剂均匀地覆盖整个受检表面。

②渗透剂停留时间至少为 10 min。

③被检表面上的渗透剂薄膜在整个渗透时间内应保持湿润状态。

④除受检部位以外的表面应尽可能避免沾染上渗透剂。

（7）去除多余渗透剂。

多余渗透剂应完全去除干净,但应防止过清洗。

①对于水洗型渗透剂,可用干燥、干净、不脱毛的布或吸湿纸擦拭,也可用水冲洗,但应注意以下几点。

a. 水压不应超过 345 kPa。

b. 水枪口与受检面距离应控制在 200～300 mm 之间。

c. 水温不应超过 40 ℃。

d. 水洗过程中,尽可能缩短受检表面与水接触时间。

②对于溶剂去除型渗透剂,可用干燥、洁净、不脱毛的布或吸湿纸擦拭。

（8）干燥。

①对于水洗型渗透剂干燥,可使用清洁的吸水材料将表面吸干,或采用循环热风吹干,但被检表面温度不应超过 50 ℃。对于溶剂去除型渗透剂干燥,可采用自然蒸发、擦拭或强制通风等方法干燥表面。

②为防止过分干燥或干燥时间过长,造成缺陷中的渗透剂挥发,应注意干燥时间和受

检面上的干燥情况。当受检表面湿润状态一消失,即表明显像所需的干燥度已达到。

(9)显像。

①施加显像剂。

当第(8)中第 2 条所述干燥度一旦达到,应立即施加显像剂。

采用喷罐喷涂,应能保证整个受检区域完全被一均匀薄层显像剂覆盖。为获得均匀的显像剂薄层,施加显像剂之前,应晃动喷罐,使罐内显像剂粉末呈完全悬浮状态。

②显像后干燥。

自然蒸发;也可用无油、洁净、干燥的压缩空气吹干。

(10)观察。

①观察应在显像剂干燥过程中显示刚开始出现时就进行,注意显示的变化。

②观察应在受检面上可见光(自然光或灯光)照度不低于 500 lx 的条件下进行。

注:照明灯光不应直照观察者眼睛;观察和评定时可以使用倍数不大于 10 倍放大镜。

③随着显像时间的延长,显示出来的点状或线状显示会被放大,红色显示的直径、宽度和色彩深度能提供有用的信息;另外,显示出现的速度、形状和尺寸,在缺陷定性也能提供有用的信息。

④如出现背景过深而影响观察,则该区域应重新检验。重新检验时,必须对受检表面进行彻底清洗,以去除前次检验留下的所有痕迹,然后用同样的渗透材料重复液体渗透检验的全过程。

清洗时应特别注意,因为前一次检验后,有可能存在有渗透剂残留在缺陷中,重新检验时,会影响新的渗透剂进入。

3. 显示评定与验收标准

(1)显示评定。

①显示评定应在显像剂干燥后进行,一般不少于 7 min,但最长时间不应超过 60 min。

②显示分类。

显示分为线性显示和圆形显示。线性显示是指长度宽度之比大于 3 的显示;圆形显示是指除线性显示外的其他所有显示。

注:根据观察中的①条和②条,随着显像时间的延长,某些较细小的线形显示最终由于放大转变为圆形显示,对于此类显示,应作为线形显示评判。

(2)验收标准。

应按下列要求验收。

①记录标准。尺寸大于 2 mm 的相关显示应予记录;任何一组排列紧密且分布长度超过 20 mm 的显示群,即使其中的显示尺寸小于记录阈值,也应进一步分析确定其性质。

②下列相关显示应予拒收。

线性显示;尺寸大于 4 mm 的圆形显示;在同一直线上有 3 个或 3 个以上显示,且其间距小于 3 mm;在缺陷显示最严重的区域内,任意 100 cm² 矩形区域(最大边长不超过 20 cm)内,有 5 个或 5 个以上显示。

4. 后清洗

检验完成之后,应立即彻底去除检验中余留在受检件上的渗透检验试剂,并干燥受检件。

5. 渗透检验工艺卡

渗透检验工艺卡见表2.10。

6. 渗透检验报告

民用核安全设备焊接人员操作考试渗透检验报告见表2.11。

5.6.3 射线检验

1. 射线检验要求

射线检验要求同 2.7.3 节中第 1 小节。

2. 射线检验操作方法

(1)表面制备。

可采用适合方法修整焊缝表面的高低不平,直至它们在射线底片上形成的影像不至于遮蔽任何缺陷的图像或与缺陷相混淆。

对于板/管焊接的角焊缝,应在不破坏焊缝形状和外观的前提下,尽可能将多余的管材切除。

(2)检验时机与范围。

①检验时机。

考试试件的射线检验应在焊接完成、目视检验合格后进行。

②检验范围。

检验范围包括焊缝及其两侧至少 5 mm 范围内的邻近区域,手工焊平板对接焊缝两端各 20 mm 不作为评定区域。

(3)胶片透照技术。

应使用双胶片透照技术(暗盒中装有两张同类型胶片)。

(4)几何不清晰度。

几何不清晰度应≤0.3 mm。按下式计算几何不清晰度:

$$U_g = \frac{d \times b}{F - b}$$

式中　U_g——几何不清晰度,mm;

　　　d——射线源焦点尺寸,mm;

　　　　b——被检工件的射线源一侧和胶片之间的距离,即管板厚度,mm;

　　　　F——焦距,mm。

　　射线源焦点尺寸 d 的计算方法见第 2 章。

　　(5)透照方式。

　　①透照方式包括单壁透照法、双壁单影法和双壁双影透照法,相关试件的透照方式见表 2.13。

　　②射线源、焊缝和胶片的几何布置要求详见表 2.16。

　　③透照布置。

　　板对接焊缝的透照厚度比 K 值应≤1.01。

　　像质计应放置在工件表面上被检焊缝的一端(被检区长度的 1/4 处),钢丝应横跨焊缝并与焊缝方向垂直,细丝置于外侧,同时确保至少有 10 mm 丝长显示在黑度均匀的母材区域。一般情况下,每张底片上应有一个像质计影像,但采用 γ 射线进行中心透照时,至少每隔 120°放置一个像质计。

　　(6)搭接标记。

　　应使用数字或箭头(↑)作为搭接标记,搭接标记应放在工件上,不能放在暗盒上。采用双壁单影和中心曝光时,搭接标记应放在胶片侧,其余情况搭接标记应置于射线源侧。

　　(7)识别标记。

　　在射线底片上,应至少显示公司标志、焊缝编号(或试件代号)、厚度、日期等识别标记。识别标记可以通过射线照相的方式,也可以采用曝光印刷的方式体现在底片上。在任何情况下,底片上的识别标记不得妨碍底片被检区域的评定。

　　(8)散射线的控制。

　　为了测定背散射是否到达胶片,可将一个高度不小于 13 mm 和厚度不小于 1.6 mm 的铅字 B 在曝光时贴到每个胶片暗袋的背面。如果 B 的淡色影像出现在背景较黑的射线照相底片上,即表示背散射线的屏蔽不充分,该射线底片应认为不合格;如果 B 的黑影像出现在较淡的背景上,不得作为底片不合格的原因。

　　(9)底片的搭接。

　　在保证底片黑度的前提下,采用中心曝光时允许底片存在一定的搭接现象。

　　(10)参考底片。

　　当首次使用射线检测规程时,应拍摄一套符合要求的参考底片。当下列透照技术或参数发生改变时,应重新拍摄参考底片。

　　①射线性质。

　　②透照方式。

　　③胶片型号。

④增感屏和滤光板类型。

⑤胶片处理方式。

参考底片可单独拍摄,也可从被检工件合格底片中选取,但在任何情况下,参考底片均应单独增加识别标记"YZ"。

(11)暗室处理。

胶片应尽量在曝光后的 8 h(不得超过 24 h)之内按照胶片供应商推荐的条件进行暗室处理,以获得选定的胶片系统性能。可采用手动或自动处理方式,当采用自动洗片机冲洗胶片,还应参照自动洗片机供应商推荐的要求进行。

处理后的底片应测试硫代硫酸盐离子的浓度,通常将经过处理的未使用过的胶片用胶片制造商推荐的溶液进行化学蚀刻,然后将得到的图像与代表各种浓度的典型图像在日光下进行肉眼对比,据此评定硫代硫酸盐离子的浓度,所测得的硫代硫酸盐离子的浓度应低于 0.05 g/m^2,如果测试结果大于该值,应停止暗室处理,采取纠正措施,并对所有测试不合格底片重新冲洗。上述实验应在胶片处理后的一周内进行。

3. 评定

(1)底片黑度。

采用单片观察时,底片黑度应在 $2.0 \sim 4.0$ 之间。

采用双片观察时,双片最小黑度应为 2.7,最大黑度应为 4.5,同时每张底片相同点测量的黑度值差不得超过 0.5,评定区域内的黑度应是逐渐变化的,所有底片都应进行观察和分析。

(2)底片质量。

所有的射线底片都不得有妨碍底片评定的物理、化学或其他污损。污损包括下列各种,但并不限于以下几种。

①灰雾。

②处理时产生的缺陷,如条纹、水迹或化学污损等。

③划痕、指纹、褶皱、脏物、静电痕迹、黑点或撕裂等。

④由于增感屏上有缺陷产生的伪显示。

注:如果污损不严重,并且只影响同一个暗盒内的 1 张胶片,则不需要重新拍摄这张胶片对应的部位。

(3)底片观察方法。

除小径管焊缝、管与板角接焊缝可采用单片观察+双片观察外,所有的底片均应采用单片观察。

4. 验收标准

具有下列任何一种情况的焊接接头均为不合格。

(1)任何裂纹、未熔合和未焊透缺陷。

（2）最大尺寸大于表 2.15 中长径规定值的任何单个圆形缺陷。

（3）在 12t 或 150 mm 两值中较小的长度内，任一组长径累积尺寸大于 t 的圆形缺陷。若两个圆形缺陷间距小于其中较大者长径的 6 倍，则可将这两个圆形缺陷视作同一组圆形缺陷。

（4）最大尺寸大于表 2.16 长度规定值的任何单个条形缺陷。若两个条形缺陷间距小于其中较小缺陷尺寸的 6 倍，则应将这两个条形缺陷视作同一个缺陷，其长度为这两个条形缺陷长度之和（含间距长度）。

（5）在 12t 的长度内，任一组累计长度超过 t 的条形缺陷。若两个条形的间距小于较长者的 6 倍，则应将这两个条形缺陷视作同一组条形缺陷（累计长度不包括间距）。

5. 射线检验工艺卡

射线检验工艺卡见表 2.16。

6. 射线检验报告

（1）考试试件射线检验报告示例见表 2.17。

（2）射线检验底片应和报告一起保存，保存时间不得低于 10 年。

参 考 文 献

［1］中国机械工程学会焊接分会. 焊接手册(第 1、2 卷)［M］. 2 版. 北京:机械工业出版社,2002.

［2］张宇光,王绍国. 焊接人员取证上岗培训教材［M］. 北京:机械工业出版社,1993.

［3］张宇光,王绍国. 国际焊接操作工培训［M］. 哈尔滨:黑龙江人民出版社,2002.

［4］杨松,樊险峰. 锅炉压力容器焊接技术培训教材［M］. 北京:机械工业出版社,2005.

［5］李天舒,刘璐. 民用核安全设备焊接人员焊接操作工基本理论知识考试培训教材［M］. 北京:北京理工大学出版社,2019.

［6］郭承站,谭民强. 民用核安全设备焊接人员焊接操作工理论考试培训手册［M］. 北京:中国原子能出版社,2015.

［7］王绍国,徐锴,吴东球. 核电焊接人员技能操作标准化培训教程［M］. 哈尔滨:哈尔滨工程大学出版社,2019.

［8］王绍国,徐锴,吴东球. 核电焊接操作工项目考试技能操作标准化培训教程［M］. 哈尔滨:哈尔滨工程大学出版社,2020.